Studienreihe Biologie Band 8
Herausgeber Professor Dr. Hans Knodel

Franz-Peter Leibig

Nutztiere

J. B. Metzlersche Verlagsbuchhandlung
Stuttgart

CIP-Kurztitelaufnahme der Deutschen Bibliothek

Leibig, Franz-Peter:
Nutztiere / Franz-Peter Leibig. –
Stuttgart : Metzler, 1981.
(Studienreihe Biologie ; Bd. 8)
ISBN 3-476-20231-3

NE: GT

ISBN 3-476-20231-3

Druck: 1984, 1983, 1982, 1981
Die letzte Zahl nennt das Jahr des Drucks. Alle Drucke einer Auflage können im Unterricht nebeneinander verwendet werden.
Satz: Remsdruckerei Sigg, Härtel & Co. Schwäbisch Gmünd
Druck: Karl Grammlich, Pliezhausen
Printed in Gemany

Inhaltsverzeichnis

Einführung

Der beste Tierzüchter, so eine ungewohnt bescheidene menschliche Erkenntnis, ist die Natur. Sie züchtet auf Wildheit. Eigenschaften, die sich für den Lebenskampf in der freien Wildbahn als hinderlich erweisen, werden Opfer der natürlichen Auslese. Für die betroffenen Individuen hat dies eine bedauerliche Konsequenz; der Population aber nützt es. Sie ist den jeweils herrschenden Umweltbedingungen optimal angepaßt.

Steinzeitliche Höhlenzeichnung (um 15000 v. C.). Die Jagd war vor der Domestikation die einzige Form der Tiernutzung.

Auch der Mensch züchtet auf Nutzen, aber auf seinen eigenen. Seine Ziele unterscheiden sich deshalb wesentlich von denen der Natur. Nicht Anpassung an die natürlichen Lebensverhältnisse ist das Selektionsprinzip der Nutztierzüchtung, sondern Angleichung an die tatsächlichen oder vermeintlichen Bedürfnisse des Menschen. Die offensichtliche Grenzenlosigkeit dieser Bedürfnisse und die unerwartete Plastizität des »Materials« verhalfen der Nutztierzüchtung zu einer sehr dynamischen Entwicklung. Sie belegt, wie kaum eine zweite Wissenschaft, die Manipulierbarkeit der belebten Natur, sowie die Bereitschaft des Menschen, diese zu manipulieren, wo ein Vorteil erkennbar ist. Ob es sich dabei, wie gerne behauptet und wohl ebenso gerne geglaubt wird, um eine Strategie des Überlebens handelt, oder schlicht um Wohlstandsmaximierung, soll in einem späteren Kapitel erörtert werden.

1. Geschichte der Haustierwerdung

Ungeachtet der nicht zu Unrecht etwas umstrittenen Tendenzen der modernen Tierzüchtung und Tierhaltung zählt die Überführung von Wildtieren in den Hausstand und deren planmäßige Züchtung auf Nutzen zu den bedeutendsten Leistungen der Menschheitsgeschichte. Mit der Entwicklung von Haustieren und Nutzpflanzen verringerte sich der Aufwand für die Nahrungsbeschaffung und es entstand Raum für andere Aktivitäten. Handel und Gewerbe breiteten sich aus, Städte wurden gegründet, Zivilisationen konnten entstehen. Alle bekannten Hochkulturen hatten die Existenz von Haustieren und Nutzpflanzen zur Voraussetzung.

Die Überführung von Wildtieren (und Wildpflanzen) in den Hausstand wird als **Domestikation** bezeichnet. In den Anfängen der Haustierwerdung – vermutlich vor 12 000–15 000 Jahren – bedeutete Domestikation in erster Linie Zähmung. Allerdings war ein gezähmtes Tier noch lange kein Haustier, denn erworbene Eigenschaften können nicht weiter vererbt werden. Man nimmt deshalb an, daß die zur Züchtung verwendeten Tiere bereits zahm waren. Es könnte sich um psychische Mutanten gehandelt haben, die ihre Wildheit durch eine mutative Veränderung des Nervensystems verloren hatten. Da solche Individuen auf die Dauer in der freien Natur kaum eine Überlebenschance hatten, wurden sie vermutlich bereits als Jungtiere in den Hausstand übernommen. Sie entwickelten sich, unter dem Schutz des Menschen, zu »Partnern« einer völlig neuen Lebensgemeinschaft.

Der Verlust der Wildheit war nur in den Anfängen der Haustierwerdung ein Zuchtziel. Sobald es erreicht war, wurde Zahmheit zur Voraussetzung für weitere Domestikationserfolge. Diese hielten sich, über viele Jahrtausende hinweg, in bescheidenen Grenzen. Erst seit Bekanntwerden der MENDELschen Erbgesetze, Ende des vorigen Jahrhunderts, werden Haustiere konsequent auf Nutzen gezüchtet. Sie liefern ihn, seitdem verstärkt, in Form von Nahrung, Kleidung, Rohstoffen und Dienstleistungen.

1.1 Domestikationstheorien

Daß der Mensch den Nutzen von Anfang an vorausgesehen und zielstrebig verfolgt habe, ist Voraussetzung zahlreicher **Domestikationstheorien**. Sie unterstellen eine uneigennützige Vorsorge für zukünftige Generationen, wie sie selbst im aufgeklärten 20. Jahrhundert nicht anzutreffen ist. Um so weniger erscheint es plausibel, warum die Jäger und Sammler, unter dem erheblich größeren Erhaltungsstreß der Steinzeit, zugunsten späterer Generationen, auf die sofortige Verwertung gefangener und zugelaufener Tiere hätten verzichten sollen – zumal sie die Möglichkeiten der Wertsteigerung durch Domestikation auf keinen Fall kannten. Denn an den wilden Ahnen der Haustiere war der spätere Nutzen nicht zu erkennen: Das Wildschaf lieferte keine Wolle, das Wildrind kaum Milch, das Wildhuhn nur wenige Eier pro Jahr und das Wildschwein im Verhältnis zum Futterbedarf nur wenig Fleisch. Alle ökonomisch bedeutsamen Nutztiermerkmale wurden erst im Hausstand entwickelt. Lediglich als Fleischlieferanten waren alle Haustiere von jeher nützlich.

Trotz großer Anstrengungen ist es der Domestikationsforschung nicht gelungen, die Entstehung der Haustiere zweifelsfrei zu klären. Zum einen besteht Unsicherheit über das Ausgangsmaterial, also die Wildformen; zum anderen fehlt es an Aufzeichnungen. Eine klare Unterscheidung zwischen Wildtier und domestiziertem Tier ist sowohl bei den steinzeitlichen Knochenfunden, wie auch bei den Tierdarstellungen aus dieser Zeit nur selten möglich.

Überzeugender als die Hypothese vom vorhersehbaren Nutzen präsentiert sich eine Theorie, die von eher unbeabsichtigten Anfängen der Domestikation ausgeht. Danach haben sich die Lebensbereiche von Mensch und Tier so eng berührt, daß es fast zwangsläufig zu einem wechselseitigen Nutzungsverhältnis kommen mußte. Besonders einleuchtend erscheint diese Vorstellung bei den Abfallfressern Hund und Schwein. Die Domestikation wäre in diesem Fall eine Erweiterung des Wirt/Gast-Verhältnisses zugunsten des Wirts. Etwas ähnliches könnte sich bei der Haustierwerdung des Rinds abgespielt haben: Das Tier trat nach der Entstehung des Ackerbaus als Flurräuber auf und wurde domestiziert.

Möglicherweise liegt in der heute noch anzutreffenden Freude des Menschen an zahmen Tieren die Wurzel der Domestikation. Daß diese Neigung nicht neu entstanden ist – etwa aus Nostalgie oder zivilisationsbedingter Vereinsamung – sondern weit in die Vergangenheit zurück reicht, läßt sich bei alten Naturvölkern beobachten: Sie halten sich oft ganze Kolonien gezähmter Wildtiere – meist ohne einen ökonomischen Hintergedanken. Bei den Indianern des Amazonas ist manchmal eine ganze Menagerie von Papageien, Affen, Pfeffervögeln und Faultieren anzutreffen. Bei australischen Ureinwohnern finden sich auch heute noch gezähmte Känguruhs, Oppossums, Beuteltiere, Frösche und Ratten. Berichten zufolge wurde im alten Orient, von der Maus bis zum Elefanten, buchstäblich alles gehalten – ob zum Spiel oder für alle Fälle.

In der öffentlichen Meinung immer noch weit verbreitet ist die Vorstellung, die Haustierhaltung habe sich aus der Jagd entwickelt. Die Annahme entstammt dem Weltbild der griechischen Antike. Die alten Griechen waren der Meinung, daß die ohnehin etwas vage umrissenen menschlichen Erwerbsphasen (Jägerei, Nomadentum, Landwirtschaft) in zeitlicher Reihenfolge durchlaufen werden mußten, bis die den klimatischen Bedingungen der Region entsprechende Phase erreicht war. Die Haustierwerdung wurde von den Griechen zwischen der Jäger- und Sammlerphase und der nomadischen Periode angesiedelt. Später fand man jedoch, daß nirgendwo in der westlichen Welt aus Jägern Nomaden geworden waren und daß dort, wo nur gejagt, aber keine Landwirtschaft betrieben wurde (Australien), sich keine Tierhaltung entwickelt hatte. Ja es fanden sich sogar Gebiete, in denen Jagd und Ackerbau betrieben wurde, aber keine Tierhaltung. Auch wurden Jäger durch Haustierhaltung nicht immer seßhaft. In einigen Fällen war es sogar gerade umgekehrt: Sie waren bereits seßhaft und wurden durch die Domestikation weiterer Haustiere (Pferd, Dromedar,

Altägyptische Darstellung domestizierter Rinderherden (um 1400 v. C.)

Kamel) zu Sekundär-Nomaden. Nicht immer bewirkten also ähnliche Verhältnisse ein ähnliches Ergebnis und manchmal war es sogar so, daß ähnliche Kulturen auf sehr unterschiedliche Bedingungen zurückgingen.

Von der früher als Denkgerüst weithin akzeptierten Drei-Phasen-Theorie altgriechischer Provenienz geht heute keine der gültigen Domestikationstheorien mehr aus. Ansonsten aber besteht Einigkeit nur in wenigen Punkten:

1. Die Domestikation der Haustiere fand erst nach der Domestikation der Nutzpflanzen statt. Doch war für die Haustierwerdung die Existenz von Kulturpflanzen keine Voraussetzung. (Futterpflanzen werden erst seit dem Ende des 18. Jahrhunderts planmäßig angebaut. Bis dahin beschränkte sich die Tierhaltung auf Flächen, die für die Erzeugung menschlicher Nahrung ungeeignet waren.)
2. Alle Haustiere stammen von Wildformen ab. Sie können also nur im Verbreitungsgebiet der jeweiligen Wildarten domestiziert worden sein. Die Fortpflanzungsgemeinschaft zwischen den Wildarten und den Hausformen besteht ausnahmslos fort, d. h. Kreuzungen zwischen Haustieren und ihren wilden Stammformen ergeben fruchtbare Nachkommen.
3. Für zahlreiche Haustierarten ist eine mehrfache Domestikation gesichert. Sie wurden, unabhängig voneinander zu verschiedenen Zeitpunkten an verschiedenen Orten domestiziert.

Vieles deutet darauf hin, daß die ersten Haustiere von größerer wirtschaftlicher Bedeutung – die Ziege, das Schaf, das Rind und das Schwein – im Vorderen Orient domestiziert wurden. Die Verbreitungsgebiete ihrer wilden Vorfahren überschneiden sich alle in diesem Gebiet. Von hier stammen auch die ältesten bekannten Haustier-Fossilien, der älteste Wagen, der älteste Pflug und das älteste Joch.

Haustier	Wildform	Domestikations-zeitraum	Domestikations-gebiet
Schaf	Wildschaf	ca. 10 000 v. Chr.	Vorderer Orient
Ziege	Bezoar-Ziege	ca. 10 000 v. Chr.	Vorderer Orient
Schwein	Wildschwein	ca. 8 000 v. Chr.	Europa, Vorderer Orient, Südostasien
Hund	Wolf	ca. 7 000 v. Chr.	Europa, Kleinasien
Rind	Ur	ca. 6 000 v. Chr.	Vorderer Orient
Pferd	Wildpferd	ca. 4 000 v. Chr.	Mongolei
Huhn	Ind. Wildhuhn	ca. 3 000 v. Chr.	Indien

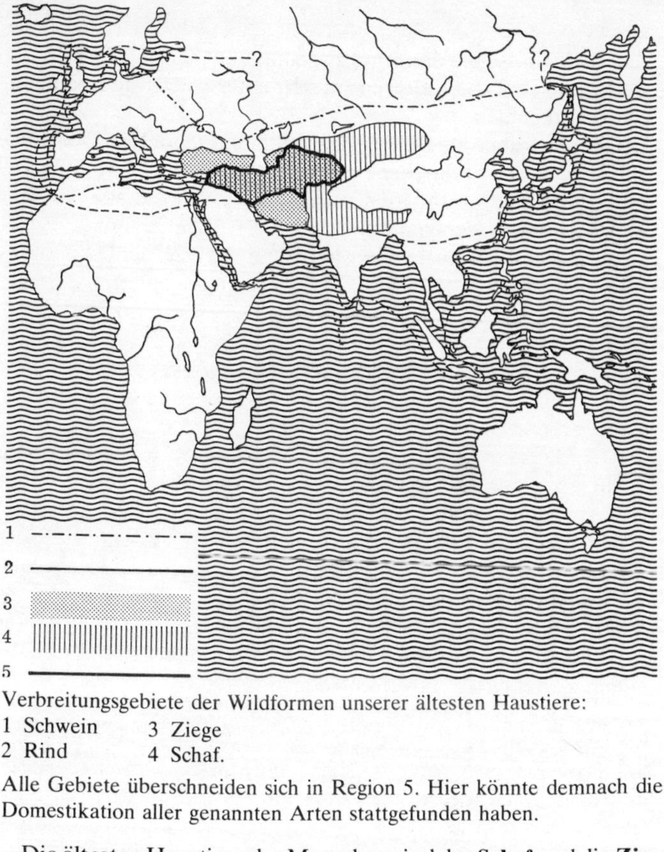

Verbreitungsgebiete der Wildformen unserer ältesten Haustiere:
1 Schwein 3 Ziege
2 Rind 4 Schaf.
Alle Gebiete überschneiden sich in Region 5. Hier könnte demnach die Domestikation aller genannten Arten stattgefunden haben.

Die ältesten Haustiere des Menschen sind das **Schaf** und die **Ziege**. Knochenfunde lassen vermuten, daß sie vor etwa 12 000 Jahren in den Hausstand übernommen wurden. Im Mittelmeerraum wurden die Tiere so intensiv eingesetzt, daß sie durch Kahlfraß einen ökologischen und damit ökonomischen Niedergang der Region bewirkten.

Die ältesten Spuren einer Lebensgemeinschaft von Mensch und **Hund** wurden in England, Anatolien und Kurdistan gefunden. Sie stammen aus der Zeit um 7000 v. Chr. Bereits ein- bis zweitausend Jahre später lassen sich zwei verschieden große Hunderassen unterscheiden. Im Zweistromland wurde um 2000 v. Chr. ein Gesetz erlassen, das verbot, bissige Hunde frei herumlaufen zu lassen. Von den Sumerern wird berichtet, daß sie Doggen bei der Löwenjagd einsetzten. Alle Hunderassen, die kleinen wie die großen, stammen

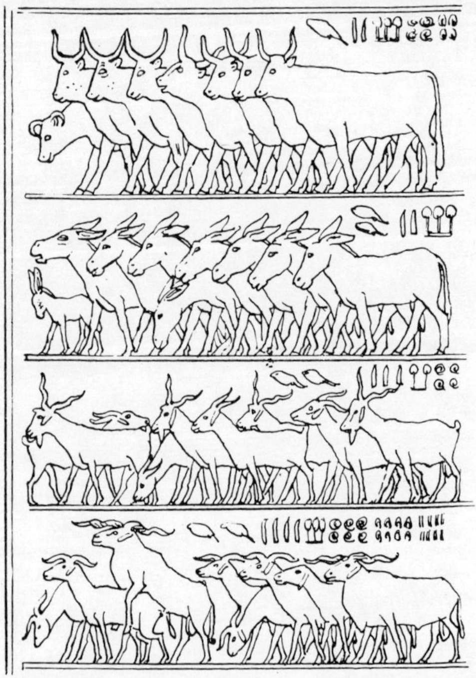

Veränderungen des Gehörns gehören zu den wichtigsten Domestikationsmerkmalen. Dieses 4500 Jahre alte Grabfries läßt Hornformen erkennen, die bei Rindern, Ziegen und Schafen heute kaum mehr zu beobachten sind.

vom Wolf ab. Sie besitzen die gleiche Chromosomenzahl wie das Raubtier und zeigen auch heute noch eine Reihe ähnlicher Verhaltensweisen.

Das erste große Säugetier, das der Mensch in den Hausstand übernommen hat, ist bis heute sein wichtigstes geblieben: das **Rind**. Vermutlich fand die Domestikation vor 8000–9000 Jahren im Dreieck Türkei/Syrien/Mesopotamien statt. Doch scheint das Rind um die gleiche Zeit auch in Griechenland zum Haustier geworden zu sein. Darstellungen des Tiers aus dem 6. Jahrtausend v. Chr. verdeutlichen durch die Nähe zum Mutterahnenkult die außerordentliche Bedeutung des Rinds für den Menschen. Die Nutzung als Milchtier ist seit dem 4. Jahrtausend durch Dokumente belegt. Die Wildform des Rinds, der Ur, erscheint auf Darstellungen aus Kleinasien, dem Kaukasus, Syrien, Mesopotamien,

Ägyptisches Grabrelief (um 2050 v. C.). Anstelle des Kalbs, das am Vorderbein des Muttertiers angebunden ist, holt sich der Melker die flüssige Nahrung. Die Kuh läßt der Künstler darob eine Träne vergießen. Offenbar war man in den Anfängen der Tiernutzung durchaus sensibel für die Lebensrechte der Haustiere.

Mittelalterliches Schlachtfest in England. Daß das Schwein seinen wilden Ahnen damals noch näher stand, erkennt man an den groben Borsten und am hochbeinigen Wuchs.

Palästina und Ägypten. Der Wisent, eine zweite Wildform des Rinds, wurde aus unbekannten Gründen nicht in die Domestikation mit einbezogen, obwohl er in östlicher Nachbarschaft zum Ur lebte. Möglicherweise galt er als unbezähmbar. Auf Kunstwerken erscheint er häufig als Personifizierung des Bösen. Der Ur hielt sich noch beinahe sechs Jahrtausende neben der domestizierten Form, obwohl er mit Sicherheit verfolgt wurde.

Das **Schwein** wurde vor 10000 Jahren zum Haustier. Die Domestikation des Wildschweins gelang unabhängig voneinander in Nordeuropa, im Vorderen Orient und im Fernen Osten. Bei vielen Völkern, so auch bei den Germanen, galt das Schwein als Inbegriff der Fruchtbarkeit. In einigen orientalischen Ländern wurde es vor der Ausbreitung des Islam als heilig verehrt. Heute verbietet der Koran den Verzehr von Schweinefleisch.

Das **Pferd** wurde wahrscheinlich erst vor 6000 Jahren im südrussisch-mittelasiatischen Steppengürtel zum Begleiter des Menschen. Die ältesten Darstellungen von Pferden stammen aus Susa (Iran). In Südosteuropa wurde die Wildform nach der Domestikation vollständig ausgerottet. Lange Zeit galt das Pferd als Statussymbol der Oberschicht. Möglicherweise gelangte die Pferdezucht im Orient (Araber) nur deshalb zu einer solchen Blüte, weil sich das edle Tier als Symbol der Macht besser eignete als zum Beispiel der Esel oder das Kamel, die den klimatischen Bedingungen der Region besser angepaßt sind. Entsprechend ihrem Prestige-Wert wurden Pferde im Alten Ägypten zu hohen Preisen gehandelt. Für ein schönes Exemplar war der Gegenwert von 15 Ochsen oder einer gleich großen Zahl von Eseln zu entrichten.

1.2 Voraussetzungen für die Domestikation

Mehr als zehn Milliarden Haustiere leben heute auf der Erde. Sie stammen von weniger als 50 Tierarten ab. Gemessen am Artenreichtum der Natur erscheint das Spektrum der Haustierarten eher schmal. Von den rund 6000 Säugetierarten der freien Wildbahn wurden nur 25–30 in den Hausstand überführt, von den 8500 Vogelarten sogar nur 10–15. Von den Wirbellosen wurden nur die Biene und der Seidenspinner zu echten Haustieren. Will man die Frage beantworten, ob angesichts einer derart engen Begrenzung der Auswahl die tatsächlich domestizierten Tiere die einzigen oder zumindest die besten waren, die für eine Domestikation in Frage kamen, muß zunächst geklärt werden, warum überhaupt Tiere in den Hausstand überführt wurden. Bedenkt man ihren späteren Nutzen, erscheint die Frage überflüssig. Nur war der Nutzen, wie gesagt, nicht vorauszusehen.

Betrachtet man die Verhaltensweisen einiger wilder Stammformen, so drängt sich die Vermutung auf, daß bei manchen von ihnen eine **psychische Vor-Anpassung** eine Rolle gespielt haben muß. Zum Beispiel unterscheidet sich das Verhalten von Wildschwein-Frischlingen, die sich problemlos in Gefangenschaft aufziehen lassen, später ganz wesentlich von dem in Freiheit aufgewachsener Wildschweine. Eine ähnliche Vor-Anpassung ist auch bei Wölfen und Wildtauben festzustellen. Andererseits gibt es, gerade bei den Vögeln, eine ganze Reihe von Arten (Raben, Geier usw.), die diese Vor-Anspassung in mindestens dem gleichen Maße aufweisen wie die Tauben, ohne daß jemals der Versuch unternommen worden wäre, sie zu domestizieren. Desgleichen wurden in der Vergangenheit Bisons, Afrikanische Büffel, Gazellen und Antilopen in den Hausstand aufgenommen, während andere, ebenso geeignete Tiere (Kojoten, Zebras, Gnus) unberücksichtigt blieben.

Es muß also noch einen anderen Grund gegeben haben, der wichtiger war als die psychische Vor-Anpassung der Tiere zur Domestikation. Vermutlich war es die menschliche Psyche. Verschiedene Anzeichen deuten darauf hin, daß die Ursprünge der Domestikation nicht wirtschaftlicher, sondern im weitesten Sinn religiöser Art sind. Die zur Domestikation ausgewählten Tiere waren ein **Teil des Weltbilds**. Diese Hypothese stützt sich auf die Beobachtung, daß viele unserer Haustiere schon in sehr früher Zeit in symbolträchtigem Zusammenhang dargestellt wurden. Die Taube symbolisiert Frieden, der Hahn Feuer, das Schwein Fruchtbarkeit und das Gehörn der Rinder wird mit der Mondsichel in Verbindung gebracht. Der letztgenannte Aspekt gilt auch als das Motiv der Domestikation von Schaf und Ziege. Die Mumifizierung von Katzen in ägyptischen Grabkammern läßt ebenfalls auf einen rituellen Ursprung der Domestikation schließen.

Wahrscheinlich wurde das religiöse Moment mit der Entwicklung der Haustiere sehr bald von wirtschaftlichen Motiven überlagert und geriet in Vergessenheit. Allerdings entsprechen die Kategorien »religiös« und »ökonomisch« heutiger Denkweise. Sie können nicht ohne weiteres auf das Weltbild des Steinzeitmenschen übertragen werden. Dies umso weniger, als selbst heute nicht immer zwischen nützlichen und irrationalen Aspekten bei der Anschaffung von Gegenständen unterschieden wird.

1.3 Veränderungen im Hausstand

In den Anfängen brachte der Hausstand zunächst eine körperliche Rückentwicklung der domestizierten Tiere mit sich. Vor allem die großen Säugetiere waren anfangs kleiner als ihre wilden Stammformen. Man hat dies oft als Verkümmerung gedeutet. Es ist aber zu berücksichtigen, daß kleine Tiere leichter zu handhaben waren, schlechte Zeiten besser überstehen konnten und daß sie – in Ermangelung geeigneter Konservierungstechniken – der damaligen Verbrauchssituation besser angepaßt waren. In einigen unterentwickelten Ländern spielen die genannten Aspekte heute noch eine Rolle bei der Nutztierhaltung. Als Folge einer verbesserten Fütterung und Züchtung überwanden die Haustiere allmählich das Domestikationstief. Heute übertreffen sie die Wildformen beträchtlich an Größe.

Die auffälligste Veränderung im Hausstand ist die Vergrößerung der **Variabilität**. Während sich die Wildtiere einer Population in der Regel nur geringfügig voneinander unterscheiden, ist bei den Haustieren eine Vielzahl unterschiedlichster Rassen und Linien anzutreffen. Nehmen wir zum Beispiel den Hund: Wenn man es nicht wüßte, man würde kaum einen Bernhardiner, einen Pekinesen und einen Dackel für Lebewesen ein und derselben Art halten. Doch sie sind es. Und alle stammen vom Wolf ab, der in Sibirien, Skandinavien oder Kanada immer ziemlich gleich aussieht. Wie stark die Streuung selbst innerhalb einer Rasse sein kann, wird beim Pudel deutlich: Ein Königspudel bringt es auf 35 kg, ein Zwergpudel ist schon mit 2,5 kg ausgewachsen.

Als weiteres Beispiel für die Vergrößerung der Variabilität im Hausstand sei das Kaninchen genannt. In seiner Wildform präsentiert es sich fast ausnahmslos grau. Im Hausstand dagegen treten weiße, rote, gelbe, braune oder blaue Färbungen auf, sowie Scheckungen aller Art. Dort ist Farbe kein Nachteil mehr, solange sich jemand findet, dem sie gefällt. Denn beim Haustier trifft der Mensch die Zuchtwahl, nicht die Natur. Der Kampf ums Dasein findet sozusagen im Saale statt.

Die Unterschiede zwischen den Hausformen einer Art können durch Domestikation so groß werden, als handele es sich um verschiedene Arten oder gar Gattungen. Mit der Beschreibung dieses Sachverhalts in seinem 1868 veröffentlichten Werk »Das Variieren der Tiere und Pflanzen im Zustand der Domestikation« trat Charles Darwin der bis dahin gültigen Lehre von der Unveränderlichkeit der Arten entgegen. Zur Begründung seiner später berühmt gewordenen Selektionstheorie dienten ihm unter anderem

Beobachtungen an Tauben. Wie kaum ein zweites Domestikationsprodukt belegen Tauben den Unterschied zwischen der Einförmigkeit der Wildart und der Vielgestaltigkeit der Hausform. Als wilde Stammform der über 200 Hausrassen identifizierte DARWIN die Felsentaube, *columba livia*. Man findet sie an den Küsten des Mittelmeers, in den Bergen Nordafrikas, in Indien und sogar in Japan. Trotz der starken geographischen Streuung sind die Unterschiede zwischen den Wildrassen gering. Anders bei der Haustaube. DARWIN: »Die domestizierten Rassen der Felsentaube unterscheiden sich soweit voneinander, wie die meisten distinkten Genera«. Da gibt es Formen mit Kröpfen oder mit Zitterhälsen, mit Pfauenrädern oder mit Perücken. Als Ursache der abstrusen Vielfalt erkannte DARWIN – völlig richtig, wie wir heute wissen – die künstliche, auf Nutzen unterschiedlichster Art gerichtete, menschliche Zuchtwahl, im Gegensatz zu der auf Anpassung gerichteten Selektion der Natur.

Grundlage der künstlichen Zuchtwahl ist die Neigung der Natur zu variieren: Auch bei gleichen genetischen Voraussetzungen (gleiche Eltern) unterscheidet sich die Nachkommenschaft (Geschwister) in vielen Eigenschaften. Ob im Hausstand lediglich Veränderungen sichtbar werden, die in der freien Wildbahn der Auslese zum Opfer fallen oder ob Haustiere eine höhere Mutationsrate aufweisen als Wildtiere – was aufgrund der andersgearteten Lebensverhältnisse denkbar wäre – ist bis heute noch nicht geklärt. Wird eine geringfügige Veränderung zum züchterischen Kriterium erhoben, so verstärkt sich im Laufe von Generationen der Effekt: die Veränderung wird zum **Rassenmerkmal.** »So können wir einsehen«, schreibt DARWIN, »woher es kommt, daß domestizierte Rassen von Tieren und kultivierte Rassen von Pflanzen, mit den natürlichen Arten verglichen, einen abnormen Charakter darbieten: sie sind nicht zu ihrem eigenen Nutzen, sondern zu dem des Menschen modifiziert worden«.

Je weiter sich die domestizierte Kreatur von ihrem Naturzustand entfernt hat, um so mehr ist sie auf die Fürsorge und Pflege des Menschen angewiesen. Haustiere müssen untergebracht und gefüttert, betreut und ärztlich versorgt werden. Sie sind den Bedingungen der freien Natur nicht mehr gewachsen. Gleichwohl ist die Abhängigkeit der Haustiere nicht einseitig: Je nützlicher sie für den Menschen wurden, um so weniger konnte er sie entbehren. Als Symbiose kann man die wechselseitige Abhängigkeit dennoch kaum bezeichnen. Denn die Nützlichkeit der Nützlichen ist nicht freiwillig. Der Mensch legt sie einseitig fest und bestimmt damit auch den Grad seiner Abhängigkeit. Das Tier hat keine Wahl.

Veränderung der Körpergröße im Hausstand: Ur (links), keltisches Hausrind (Mitte) und modernes Zuchtrind (rechts). Die obere Reihe zeigt jeweils die männlichen, die untere Reihe die weiblichen Tiere.

Mit der Haustierwerdung änderten sich nicht nur die Selektionskriterien, sondern auch die Umwelt der Tiere. Haustiere leben auf engerem Raum, ernähren sich anders und haben weniger Feinde als ihre wilden Artgenossen. Für die Physiologie, Anatomie, Morphologie und für das Verhalten der Domestikationsprodukte blieb dies nicht ohne Folgen: Einige der Tiere wurden kleiner, andere größer, viele zunächst kleiner und dann größer. Verallgemeinern lassen sich diese **Domestikationserscheinungen** nicht, aber es gibt Schwerpunkte der Veränderung. Ein solcher Bereich ist das **Skelett**. Die Knochen der Haustiere sind meist mächtiger als die der Wildformen, aber dafür weniger fest. Schädel, Brustkorb und Extremitäten weisen am häufigsten domestikationsbedingte Veränderungen auf. Eine besonders ausgeprägte Plastizität scheint der Schädel von Schweinen zu besitzen. Seine Form verändert sich im Hausstand oft schon innerhalb weniger Generationen deutlich. Der Schnauzenteil wird kürzer und nach oben gebogen. Außerdem tritt eine Verbreiterung des Schädels ein. Auch bei Hunden sind beträchtliche Proportionsveränderungen des Schädels im Hausstand zu erkennen. Am ausgeprägtesten sind sie beim Windhund (Verlängerung) und beim Mops (Verkürzung). Gegenüber der Wildform am wenigsten verändert ist der Schädel beim Schäferhund und beim Dackel. Veränderungen im Bereich der Wirbelsäule verliefen manchmal ausgesprochen im Sinne des Nutznießers. So wurde z. B. beim Schwein die Neigung zur Vermehrung der Lendenwirbel im Hausstand wirtschaftlich genutzt (mehr Koteletts). Eine bei Haustieren häufig auftretende Mutation ist die Verkürzung der Beine unter Beibehaltung der sonstigen Körper-

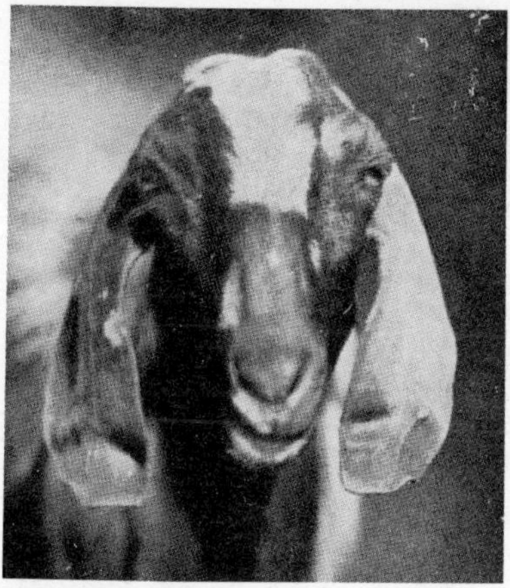

Ägyptische Hängeohrziege. Hängeohren sind eine typische Domestikationserscheinung. In der freien Wildbahn werden sie selektiert, da sie das Hörvermögen vermindern.

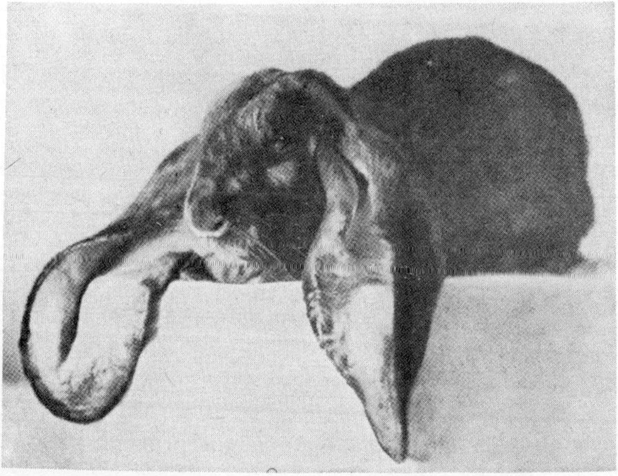

Beim Widderkaninchen wurde das Hängeohr zum züchterischen Merkmal erhoben. Durch Züchtung und entsprechende Haltungsbedingungen wird es bis zur Absurdität herausgearbeitet.

Langhaarigkeit (Angorismus) ist ebenfalls eine Domestikationserscheinung. Sie wird bei verschiedenen Tierarten (hier Angora-Kaninchen) wirtschaftlich genutzt.

proportionen. Beim Dackel und beim Schaf wird die Eigenheit als Rassenmerkmal ausdrücklich gezüchtet.

Ein Körperteil, der durch die Haustierwerdung eine grundlegende Veränderung erfahren hat, ist das **Gehörn**. Während bei Rindern eine Verkleinerung der Hörner bis hin zur Hornlosigkeit überwiegt, sind bei Schafen und Ziegen die vielfältigsten Abwandlungen zu beobachten: Extreme Vergrößerung oder sogar Verdoppelung, korkenzieherartig gewundene Hörner oder schraubenförmig gedrehte, oder auch ein völliger Verlust der Hörner.

Ein anderer Schwerpunkt domestikationsbedingter Veränderungen ist das **Ohr**. In den meisten Fällen ist eine Vergrößerung zu beobachten. Wird eine bestimmte Länge überschritten, so verwandelt sich das für das Wildtier typische, weil optimale Stehohr in ein Hängeohr. Die Mutation gilt bei zahlreichen Haustieren (Rind, Schwein, Schaf, Ziege, Hund) als Rassenmerkmal. Zu welchen Verirrungen sich die Liebhaberzüchtung gelegentlich hinreißen läßt, wird am Englischen Widderkaninchen deutlich: Seine Ohren sind so lang, daß es sie theoretisch einmal um den Kopf wickeln könnte. Da höhere Temperaturen das Ohrwachstum fördern, sind die Züchter des Widderkaninchens dazu übergegangen, die Jungtiere nur noch im Sommer aufzuziehen. Gerade umgekehrt liegt der Fall beim Hermelinkaninchen. Es soll möglichst kleine Ohren haben und wird daher im Winter aufgezogen. Eine domestikationsbedingte Verkleinerung des Ohrs wie beim Hermelinkaninchen ist selten, reicht aber bei manchen Schaf- und Ziegenrassen bis zur völligen Ohrlosigkeit.

Vielfältig, wie in kaum einem anderen Bereich stellen sich die Variationen der **Körperdecke** im Hausstand dar. Bei zahlreichen Tierarten – Rindern, Schweinen, Schafen, Hunden, Gänsen, Enten, Hühnern u. v. a. – hat sich die Hautoberfläche im Hausstand vergrößert. Dies macht sich insbesondere am Kopf und am Hals, als Faltenbildung, bemerkbar. Rinder und Kaninchen bilden eine »Wamme«, bei Schafen und Ziegen entstehen Kehlanhänge (»Glöckchen«). Die Veränderungen des Haar- und Federkleids gehören zu den bevorzugten Merkmalen der Liebhaberzüchtung. Ob man es üppig gedeihen ließ, wie bei der Angora-Ziege, oder es wegzüchtete bis zur Nacktheit, wie bei einigen Hunde-, Schaf- und Hühnerrassen, ob man seine Struktur zu Stockhaar, Rauhhaar, Zotthaar, Glatthaar, Stichelhaar, Drahthaar, Lockenhaar oder Wellhaar variierte oder sich an Scheckungen, Fleckungen, Tigerungen oder Stromungen ergötzte – ökonomisch motiviert waren züchterische Veränderungen im Bereich der Körperdecke nur selten. Sie blieben deshalb überwiegend auf die Kleintierzucht beschränkt.

Wichtiger für die Nutztierhaltung als die äußerlichen Merkmale der Domestikation sind die im Hausstand aufgetretenen Veränderungen des **Stoffwechsels**. Zwei Beispiele mögen dies verdeutlichen: Eine Kuh gibt heute 20 mal soviel Milch wie ihre wilde Stammform. Bei Hühnern hat sich die Legeleistung seit Beginn der Domestikation gar verdreißigfacht. Fast alle Haustiere besitzen einen längeren Darm als ihre Wildformen. Dies ist einer der Gründe, warum sie das aufgenommene Futter besser verwerten können. Kreuzungsversuche zwischen Wildschweinen und Dänischen Landschweinen haben ergeben, daß bei einem Wildanteil von 75 Prozent der Futterbedarf unter Mastbedingungen um zwei Drittel höher liegt, als bei einem Wildanteil von nur 25 Prozent.

Unter Nutzungsgesichtspunkten ebenfalls nicht zu unterschätzen ist die gegenüber der Wildart erheblich gesteigerte **Fruchtbarkeit** der Haustiere. Nicht nur, daß sie früher geschlechtsreif werden als die Stammarten – manchmal sogar vor Abschluß des Körperwachstums; sie werden auch häufiger brünstig oder sind es gar ständig. Die jahreszeitliche Bindung der Brunst ist bei den Haustieren aufgehoben. Ein Hauseber produziert ständig so viel Sperma, wie ein Wildeber während der Hochbrunst. Ein Hausschwein wirft pro Jahr vier mal soviel Ferkel wie ein Wildschwein. Damit die größere Nachkommenschaft ernährt werden kann, hat die Milchleistung der Haustiere und bei einigen Arten auch die Zitzenzahl (Schwein, Schaf) entsprechen zugenommen. Der größte Milchzuwachs gegenüber der Wildform wurde bei den Kühen festgestellt. Allerdings beeinträchtigt eine hohe Milchleistung die Fruchtbarkeit. Auch beim Hausgeflügel kann nur noch eingeschränkt von einer Steigerung der Fruchtbarkeit gesprochen werden, da die außerordentliche Anhebung der Legeleistung einen Verlust des Bruttriebs zur Folge hatte.

Ebenfalls beträchtlichen Veränderungen unterworfen war im Gefolge der Haustierwerdung das **Gehirn.** Bei vergleichbarer Schädelgröße ist die Hirnschädelkapazität bei den meisten Haustieren um 20–30 Prozent geringer als bei den Wildarten. Das Gehirn ist als Folge der Domestikation also kleiner geworden. Bei Schweinen wurde eine Schrumpfung um 33 Prozent ermittelt, bei Hunden um 31 Prozent und bei Schafen um 30 Prozent. Bei den weniger entwickelten Nagern ist der Domestikationsverlust an Gehirnvolumen geringer (max. 9 Prozent). Besonders stark scheinen sich die optischen, akustischen und olfaktorischen Bereiche des Gehirns zurückgebildet zu haben, denn Haustiere hören, sehen und riechen schlechter als ihre wilden Artgenossen.

Daß Haustiere sich anders verhalten als Tiere in der freien Wildbahn, ist eine allgemein zugängliche Erfahrung. Sie erstreckt sich auf nahezu alle Bereiche. Ob wir das Warn-, Flucht- oder Verteidigungsverhalten betrachten oder das Sozialverhalten ganz allgemein – die angeborenen Verhaltensweisen äußern sich generell schwächer. Haustiere leben in einem entspannten Umfeld. Da ihre Aufmerksamkeit nicht ständig zur Sicherung ihrer Existenz in Anspruch genommen wird, sind sie zu erstaunlichen Lernleistungen fähig (Dressur).

Bemerkenswert im Zusammenhang mit **Verhaltensänderungen** sind bestimmte, durch den Hausstand bedingte Ausfallhandlungen, Ersatzhandlungen und Hypertrophien. So kommt es z. B. vor, daß domestizierte Raubtiere (Hund, Katze) ihre Beutetiere zwar töten, aber dann liegen lassen. Andere verzichten auf die Jagd und fressen dafür tote Beutetiere. Auch können manchmal einzelne Abschnitte der Beutefanghaltung hypertrophiert sein: Etwa wenn eine Katze ein und dieselbe Maus immer wieder fängt, ohne sie zu töten. Auch kommt es vor, daß bestimmte Handlungen am falschen Objekt vorgenommen werden. Z. B. läßt sich die Beutefanghaltung von Hunden mit allen möglichen Ersatzobjekten auslösen. Auch kann bei diesen Tieren der Aggressionstrieb übermäßig stark entwickelt sein. Sie greifen dann Tiere an, die selbst ein Wolf nie attackieren würde.

Hirngewichtsabnahme bei Haustieren

Labormaus	0,0 %
Laborratte	8,7 %
Meerschweinchen	5–7 %
Hauskaninchen	8,9 %
Hauskatze	23,4 %
Frettchen	32,4 %
Haushund	31,1 %
Hausschwein	33,6 %
Hausschaf ca.	30,0 %
Lama, Alpaka	19,0 %

Besonders häufig treten hypertrophierte Verhaltensweisen im Bereich der Fortpflanzung auf. Sie führen manchmal zu einer dauerhaft veränderten Körperhaltung. Ein solcher Fall liegt vor, wenn ein Hund, analog zur Imponierhaltung des Wolfs, den Schwanz ständig geringelt über dem Rücken trägt. Beim Haushöckerganter ist die Imponierhaltung des Wildtiers bereits Dauerhaltung. Er muß sich deshalb zum Fressen auf den Bauch legen. In solchen Fällen von Hypertrophie hat die Körperhaltung ihre ursprüngliche Bedeutung verloren.

Allerdings hat sich bei vielen Haustieren durch die Domestikation der Körperbau so stark verändert, daß das für die Wildformen typische Verhalten ohnehin nicht an den Tag gelegt werden könnte. Denken wir z. B. an die veränderten Hornformen, die Rivalenkämpfe kaum noch zulassen oder an die Hängeohren beim Hund, die sich beim besten Willen nicht mehr aufrichten lassen.

Viele der genannten Domestikationsmerkmale sind erblich, manche sind es nicht. Ob es sich um den Genotyp handelt oder um den Phänotyp, stellt sich oft erst nach Generationen heraus. Zwar wurden die genetischen Anlagen im Laufe der Zeit stark verändert, aber neue Arten entstanden durch die Domestikation nicht. Obwohl sich einige Haustierarten inzwischen selbst in der Chromosomenzahl von ihren Ahnen unterscheiden, blieb die **Fortpflanzungsgemeinschaft** grundsätzlich erhalten: Die Kreuzung von Haustieren mit ihren Wildarten ergibt fruchtbare Nachkommen. Da eine solche fruchtbare Verbindung jeweils nur mit einer Wildart zustande kommt, ist zu vermuten, daß es für jede Haustierart nur eine wilde Stammform gegeben hat.

Wie eingangs erwähnt, waren die meisten Veränderungen im Hausstand nur für den Menschen von Vorteil. Das Haustier erträgt sie unter der Gunst der besonderen Verhältnisse. Damit leben könnte es ohne fremde Hilfe nicht. Denn oft handelt es sich um ausgesprochen pathologische Veränderungen, die der Mensch zur Maximierung seines Nutzens fördert. Man mag es für den Gipfel des Fortschritts halten, wenn eine Kuh 10 000 l Milch im Jahr gibt, statt 600, wie die Wildform, oder wenn ein Huhn 400 Eier pro Jahr legt und nicht ein Dutzend, wie vor der Domestikation – aus biologischer Sicht ist es eine krankhafte Veränderung eines Merkmals mit Folgen für den gesamten Organismus.

1.4 Verwilderung von Haustieren

Die heutigen Haustierrassen haben sich durch die extreme Züchtung soweit von ihrem Ursprung entfernt, daß an eine Rückkehr zum Naturzustand nicht zu denken ist. Dennoch sind in verschiedenen Teilen der Welt verwilderte Haustiere anzutreffen. Es handelt sich um weniger extreme Züchtungen oder um Haustiere aus früheren Jahrhunderten. Besonders zur Zeit der großen Entdekkungsreisen war es nämlich üblich, Haustiere auf fremden Kontinenten auszusetzen, wo weder die Hausform noch die Wildform existierte. Da eine Vermischung also nicht möglich war, stammen die heute dort lebenden eingebürgerten Haustiere ausschließlich von verwilderten Exemplaren ab.

Daß eine Umkehrung der Domestikation grundsätzlich möglich ist, zeigt das Beispiel der Galapagos-Inseln. Dort finden sich verwilderte Haustiere in großer Zahl: Esel, Schweine, Ziegen, Katzen und Hunde. Allerdings handelt es sich dabei nicht um eine vollständige Rückentwicklung. Genauso wie ein gezähmtes Wildtier noch kein Haustier ist, wird ein Haustier nicht schon dadurch zum Wildtier, daß es einige Generationen in der freien Wildbahn lebt. Dazu wäre, wie bei der Haustierwerdung, eine Änderung des Erbbilds, also eine erbliche Anpassung an den neuen Lebensraum erforderlich. Dies ist, auch in der Natur, nur durch Zuchtwahl möglich. Deshalb ist die Natur nicht in der Lage, Haustiere, die in Jahrtausenden entstanden sind, in Jahrhunderten in Wildtiere zurück zu verwandeln.

2. Die wichtigsten Nutztierarten

Landwirtschaftliche Nutztiere entfalten ihren Nutzen in erster Linie als Nahrungslieferanten. Sie verwandeln pflanzliche Rohstoffe in höherwertige tierische Produkte (Fleisch, Milch, Eier). Der Mehrwert dieser Erzeugnisse besteht darin, daß sie, anders als das pflanzliche Ausgangsmaterial, alle für die menschliche Ernährung erforderlichen (essentiellen) Eiweißbausteine (Aminosäuren)

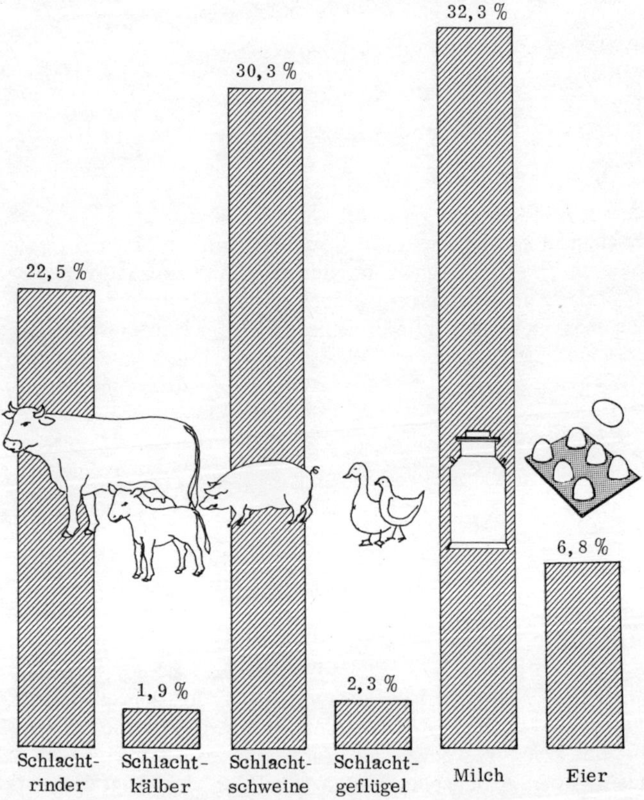

Anteil verschiedener tierischer Produkte an den Verkaufserlösen der deutschen Viehwirtschaft.

enthalten. Die Umwandlung von pflanzlichem in tierisches Eiweiß wird folgerichtig als »Veredelung« bezeichnet. Der Anteil der veredelten Produkte an der landwirtschaftlichen Gesamtproduktion gilt als der wichtigste Gradmesser für die Leistungsfähigkeit und den Entwicklungsstand einer nationalen Landwirtschaft. Am höchsten ist dieser Anteil in den Industrieländern der westlichen Welt. Die alte Einteilung, wonach ein Land entweder Agrarland oder Industrieland ist, gilt seit der Einführung der »modernen Tierproduktion« nicht mehr. Die größten Industrieländer sind gleichzeitig auch die größten Agrarländer.

In der Bundesrepublik stammen 70 Prozent des landwirtschaftlichen Produktionswerts aus der »tierischen Veredelung«. Davon entfallen auf:

Schlachtwert (Fleisch und Nebenprodukte)	:	59 %
Milch	:	33 %
Eier	:	7 %
Honig	:	0,17 %
Wolle	:	0,04 %

Jeder Bundesbürger verzehrt im Jahr durchschnittlich 90 kg Fleisch, 118 kg Milch und Milchprodukte und 290 Eier.

Wie die Ernährungsgewohnheiten von Land zu Land verschieden sind, so unterscheidet sich auch das Spektrum der Nutztierarten charakteristisch. Zum Beispiel gilt in der Europäischen Gemeinschaft Deutschland als Schweineland, Holland als Kuhland und England als Schafland. Doch sind die wichtigsten landwirtschaftlichen Nutztiere beinahe überall in der Welt dieselben. Sie werden nachstehend in Einzelkapiteln behandelt. Im letzten Kapitel soll dann von Tieren die Rede sein, deren Nutzung in mancherlei Hinsicht den gewohnten Rahmen sprengt.

2.1 Das Pferd

Das Pferd ist das einzige landwirtschaftliche Nutztier, von dem man guten Gewissens behaupten kann, daß es von der technischen Revolution in der Landwirtschaft, Mitte dieses Jahrhunderts, profitiert hat. Es wurde durch den Verbrennungsmotor von seinem angestammten Arbeitsplatz hinter dem Pflug verdrängt und verwandelte sich innerhalb kürzester Zeit vom Arbeitstier zu einem angesehenen Freizeitpartner des Menschen. Er nennt es »klug« und »edel«, bescheinigt ihm »Schönheit«, »Adel« und »Harmo-

Erst lange nach seiner Domestikation wurde das Pferd auch zum Reiten eingesetzt. Die Statue (Ägypten um 1600 v. C.) ist eine der ältesten Reiterdarstellungen.

nie« und glaubt sogar, eine »stolze Dienstbereitschaft« und »brennenden Ehrgeiz« zu entdecken.

Das war freilich nicht immer so. In der Steinzeit wurde das Tier wegen seines Fleisches gejagt. In der Nähe von Lyon hat man in einer Grube die fossilen Überreste von etwa 100 000 Wildpferden gefunden. Die **Fleischnutzung** des Pferds setzte sich auch nach seiner Domestikation als **Zugtier** (um 5000 v. Chr.) fort. Vermutlich erkannte der Mensch die noblen Eigenschaften des Tiers erst, als er auf dem Rücken der Pferde nicht nur das höchste Glück der Erde entdeckte (die älteste Darstellung eines Reiters stammt aus Ägyp-

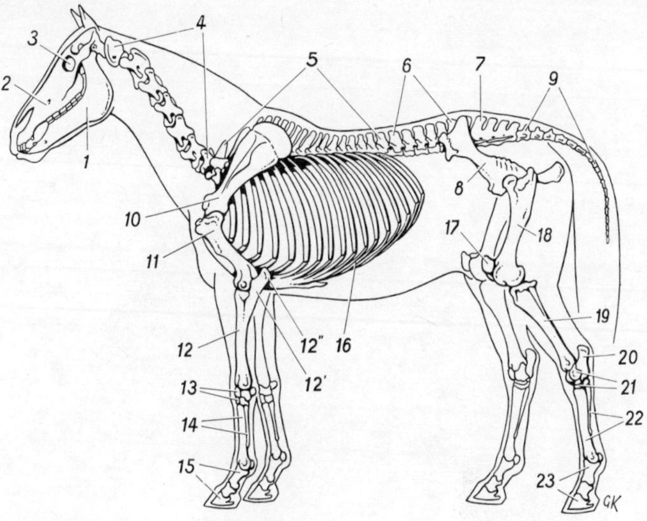

1 = Unterkiefer
2 = Gesichtsschädel
3 = Augenhöhle
4 = Halswirbel
5 = Brustwirbel
6 = Lendenwirbel
7 = Kreuzbein
8 = Darmbein (Hüftbein)
9 = Schweifwirbel
10 = Schulterblatt
11 = Oberarmbein
12 = Vorarmbein (Speiche)
12' = Ellenbogenbein
12" = Ellenbogenhöcker
13 = Vorderfußwurzel
14 = Vordermittelfußknochen
15 = Zehenknochen
16 = Brustkorb
17 = Kniescheibe
18 = Oberschenkelbein
19 = Schienbein
20 = Fersenbein (Sprungbein)
21 = Hinterfußwurzel- oder Sprunggelenk
22 = Hintermittelfußknochen
23 = Zehenknochen

Skelett des Pferdes

ten und ist 3700 Jahre alt), sondern auch die Möglichkeit, Macht und Status zu demonstrieren. Die kriegerische Ausbreitung fremder Kulturen wäre ohne das Pferd kaum möglich gewesen. Im Mittelalter wußte man: »Wer reitet, ist ein Herr; wer zu Fuß geht, ein Knecht.« Kein Wunder, daß Kaiser und Päpste den fleischlichen Genuß des Machtsymbols verboten. Das Tabu wirkt noch heute. Nicht zu Unrecht nennt der Zoologe Illies das Pferd die »heilige Kuh des christlichen Abendlands«. Immerhin ist dem Tier dadurch einiges an Fortschritt erspart geblieben.

Der Name »Pferd« leitet sich aus dem Lateinischen ab. Die Römer nannten das Postpferd »paraveredus«, was die Germanen dann zu »pferferit« abwandelten. Zoologisch gesehen gehört das Pferd zu den **Equiden** (zusammen mit Esel, Onager und Zebra) –

Das mongolische Przewalski-Pferd gilt als das einzige ›echte‹ Wildpferd. Es ist somit die alleinige Stammform aller Pferderassen.

einer Familie der unpaarzehigen Huftiere. Das Tier steht jeweils nur auf einer Zehe. Die anderen vier Zehen haben sich im Laufe der Entwicklung zurückgebildet.

Von den Wildformen, aus denen das Hauspferd vermutlich hervorgegangen ist, lebt nur noch das **Przewalski-Pferd**. Es ist nach einem russischen Obersten benannt, dem es Ende des 19. Jahrhunderts gelang, in der Wüste Gobi ein Exemplar der Rasse einzufangen, um es dem Zoologischen Museum in Petersburg zur Bestimmung vorzulegen. Versuche der Mongolen, dieses Pferd zu zähmen, sind immer wieder fehlgeschlagen. Das Przewalski-Pferd gilt als das einzig echte Wildpferd. Bei allen anderen »Wildpferden« handelt es sich um wildlebende Hauspferde.

Die beste Waffe des Tiers, beim Leben in der freien Wildbahn, ist seine Geschwindigkeit. Als **Fluchttier** ist es angelegt wie eine Laufmaschine. Bei Rennpferden wurden Geschwindigkeiten bis zu 75 km/h gemessen. Die gewaltigen Schubkräfte werden fast ausschließlich durch die stabile Hinterhand übertragen. Je größer der Abstand zur Vorderhand ist, um so weiter können die Pferde ausgreifen. Man sagt, »sie stehen über viel Boden«. Die Atemfrequenz kann ohne Ermüdung über einen längeren Zeitraum auf das

Sechsfache beschleunigt werden. Pferde sind also ausdauernd. Ihre Haut kann zur Kühlung bis zu einem Drittel der gesamten Blutmenge aufnehmen. Bei starker Belastung werden bis zu 20 Liter Schweiß pro Tag abgegeben.

Unter Berücksichtigung seiner anatomischen Voraussetzungen ist das Pferd zum Springen weniger geeignet als zum Reiten. Die Vorderbeine sind im Verhältnis zum Körpergewicht (500–700 kg) beinahe zierlich zu nennen, und der Fuß ist zu unbeweglich, um Stöße elastisch aufzufangen. Bei Sprüngen aus Turnierhöhe (1,60–2,20 m) müssen die Sehnen der Vorderbeine eine Querschnittsbelastung von 250–300 kp/cm² aushalten. Ältere Turnierpferde beenden ihre Karriere deshalb meist als Invaliden. Um den empfindlichen Bewegungsapparat (Muskeln, Sehnen, Gelenke) zu schonen, werden Pferde erst im Alter von drei Jahren eingeritten.

Durch den Funktionswandel vom Arbeitstier zum »Sportgerät« hat das Pferd als Nutztier zwangsläufig an Bedeutung verloren. Während sich der Weltbestand fast aller anderen Haustiere seit dem 2. Weltkrieg mehr als verdoppelte, nimmt die Zahl der Pferde seither beständig ab (derzeitiger Stand: 70 Millionen). In der Bundesrepublik weist, durch die steigende Beliebtheit des Pferdesports, der Bestand mit 370 000 Tieren nach Jahren des Rückgangs wieder eine steigende Tendenz auf.

Die Einteilung der **Pferderassen** erfolgt in jedem Land nach anderen Gesichtspunkten. In Deutschland wird zwischen Vollblütern, Kaltblütern, Warmblütern und Ponys unterschieden. **Kaltblüter** sind schwere Arbeitspferde. Vor dem Krieg stellten sie die größte Gruppe. Heute erreicht ihr Anteil nicht einmal mehr zwei Prozent des Pferdebestands in der Bundesrepublik. Der Name »Kaltblut« rührt nicht etwa von der Temperatur des Bluts her – sie liegt sogar etwas höher als beim Warmblut –, sondern kennzeichnet das behäbige Temperament der Tiere. Seine beste Leistung bringt das Kaltblut im Schritt. Im Trab ermüdet es rasch. Da Arbeitspferde kaum noch gebraucht werden, ist das Kaltblut vom Aussterben bedroht. Das einzige Pferd dieser Rasse, dem in Fachkreisen eine gewisse Zukunft eingeräumt wird, ist der Tiroler Haflinger. Er besitzt einen Schuß orientalisches Blut und ist somit temperamentvoller.

»Der Materialist züchtet Kaltblut, der Idealist Warmblut«, heißt es unter Pferdekennern. Trakehner, Hannoveraner, Württemberger, Holsteiner oder Oldenburger sind **Warmblüter.** Sie waren ursprünglich schwerer Landschlag und wurden durch Einkreuzen von englischem und orientalischem Vollblut leichter und eleganter. Die Warmblüter stellen das Gros der Reit- und Springpferde.

Warmblut: Hannoveraner

Im Spitzensport gibt allerdings das **Vollblut** den Ton an. Es entstammt einer Kreuzung von englischer Landstute und orientalischem Hengst. Der Name »Vollblut« ist aus dem englischen »thoroughbread« abgeleitet, was soviel bedeutet wie »gründlich durchgezüchtet«. Die Leistungsfähigkeit der Rasse beruht unter anderem auf einer überdurchschnittlichen Sauerstoffversorgung. Bei einem Körpergewicht von 600 kg kreisen 60 Liter Blut in den Adern. Das Vollblut wird schon seit 250 Jahren ausschließlich auf sportliche Leistung gezüchtet.

Das Pferd war das erste Nutztier, bei dem eine systematische Leistungsprüfung eingeführt wurde. Ausschlaggebend für die Zuchtwahl sind Form, Farbe, Leistung, Fruchtbarkeit und Verhalten. Zwar bevorzugen Pferdezüchter meist einen bestimmten **Farbtyp** (Fuchs, Brauner, Rappe, Schimmel), doch besteht zwischen diesem auffälligsten aller äußeren Merkmale und der Leistungsfähigkeit kein Zusammenhang. Das Pferd besitzt nur roten Farbstoff. Die Farbunterschiede entstehen durch die Art der Pigmenteinlagerung im Haar. Die Fuchsfarbe verhält sich gegenüber allen anderen Farben rezessiv. Dies erleichtert die Züchtung, da im Fuchs keine andere Farbe verborgen sein kann. Bei der Schimmelfarbe – sie ist dominant – handelt es sich um eine frühzeitige Ver-

Kaltblut: Schwarzwälder Fuchs

greisung. Die Schimmelfohlen kommen dunkel zur Welt. Nur bei reinerbigen Schimmeleltern sind auch die Nachkommen Schimmel.

Pferde werden erstmals im Alter von drei Jahren zur **Paarung** herangezogen. Die Brunst der Stute – sie wird als »Rosse« bezeichnet – dauert 7–9 Tage und wiederholt sich alle drei Wochen. Am günstigsten ist die Befruchtungsrate, wenn das Tier am dritten Tag der Rosse gedeckt wird. Zum Schutz des Hengstes werden der Stute manchmal die Hinterbeine gefesselt. Künstliche Besamung spielt in der Pferdezucht kaum eine Rolle. Das Fohlen kommt nach einer Tragzeit von 11 Monaten zur Welt. Zwillingsgeburten sind bei Pferden relativ selten (unter 2 %). Etwa eine Stunde nach der Geburt steht das Fohlen auf und beginnt zu saugen. Gut säugende Warmblutstuten können bis zu 20 Liter Milch pro Tag bereitstellen. Fremde Fohlen werden von der Stute nicht herangelassen. Fohlen, die von Geburt an menschlichen Umgang gewohnt sind, lassen sich leicht aufziehen. Dagegen ist die Erziehung der in Freiheit aufgewachsenen Tiere fast immer ein gewaltsames und selten ganz erfolgreiches Unterfangen.

Das Pferd ist ein **Herdentier.** In Gesellschaft ist es ruhig und gelassen. In der Einzelhaltung legt es eine geräuschvolle Nervosität an den Tag. Stallhaltung trifft das Pferd als ausgeprägtes Bewegungstier besonders hart. Sie sollte deshalb auf ein Minimum beschränkt werden. Außerdem sollten die natürlichen Umweltreize (Licht, Luft, Artkontakt, Temperatur unterhalb der menschlichen Behaglichkeitsschwelle) weitestgehend erhalten bleiben. Wenn keine Weide zur Verfügnung steht, empfiehlt es sich, auf die Pferdehaltung zu verzichten.

Eine Pferdeweide erkennt man daran, daß kahlgefressene Flächen mit Zonen überständiger Gräser und Unkräuter abwechseln. Das Tier reißt mit seinen beweglichen Lippen die schmackhaften Pflanzenarten samt Wurzeln heraus und läßt die weniger bekömmlichen stehen. Darüber hinaus wird die Weide durch die Trittbelastung des Pferds stark beansprucht. Deshalb sollte immer nur ein kleiner Teil der Weide für relativ kurze Zeit (1 Tag) freigegeben werden. Allerdings läßt der Bewegungsdrang der Tiere eine allzu enge Begrenzung der Portionsweide nicht zu.

Für die **Ernährung** der Pferde ist es wichtig, daß der Rohfasergehalt des Futters nicht unter 20 Prozent absinkt. Fehlen die Ballaststoffe, nimmt das Tier Einstreu auf und benagt Wände und Nachbartiere. Außerdem können sich an den Backenzähnen Haken bilden. Heu und Hafer gelten als klassisches Pferdefutter. Kleegras, Stroh, Zuckerschnitzel, Mais, Roggen, Kartoffeln, Silage und Rüben gestalten das Menu abwechslungsreicher. Ein Reitpferd hat bei mittlerer Belastung einen täglichen Energiebedarf von 96 000 kJ – das ist die Tagesration von zehn erwachsenen Männern. Die Nahrung wird, anders als bei Wiederkäuern, zunächst im Magen und im Dünndarm durch Enzyme zerlegt und dann in mehreren hintereinandergeschalteten Dickdärmen mikrobiell aufgeschlossen. Gewaltig ist auch der Durst der Pferde. Säugende Stuten trinken pro Tag 40–60 Liter Wasser, schwer arbeitende Pferde sogar 60–80 Liter. Wenn überwiegend wasserreiche Futtermittel angeboten werden (Gras, Naßsilage, Rüben), können die Pferde aufs Saufen verzichten.

Die Zähne, die sich beim Kauen abnutzen, wachsen jeweils so weit nach, daß immer eine funktionsfähige Krone zur Verfügung steht. Gleichwohl kann der Fachmann durch einen Blick ins Maul das Alter des Gauls erkennen. Es sei denn, er hat ihn geschenkt bekommen . . .

2.2 Das Rind

Von allen Nutztieren ist das Rind das nützlichste. Es liefert als Hauptprodukte Milch und Fleisch. Seine Haut wird zu Leder verarbeitet, seine Knochen zu Leim und Gelatine. Aus seinem Fett (Talg) werden Kerzen hergestellt und Seife, sein Horn wird zu Kämmen und Knöpfen verarbeitet, seine Gedärme zu Wursthäuten. Aus einigen inneren Organen werden Arzneimittel gewonnen (z. B.: Insulin). Die Exkremente dienen der Verbesserung der Bodenfruchtbarkeit (Dünger) oder der Energiegewinnung (Biogas). In den weniger entwickelten Ländern wird das Rind immer noch in großem Umfang als Zugtier genutzt. Der Vielseitigkeit seiner Verwendung entsprechend, besitzt das Rind mit 1,3 Milliarden Exemplaren (Weltbestand) unter den großen Haustieren die größte Verbreitung.

In allen Ländern der Europäischen Gemeinschaft liefert das Rind den größten Einzelposten zur Wertschöpfung der Landwirtschaft. In der Bundesrepublik, wo ungefähr 15 Millionen Rinder gehalten werden, steuert das Tier einen Anteil von 41 Prozent zur landwirtschaftlichen Produktion bei. Etwa die Hälfte davon stammt aus der Milch, die andere Hälfte aus dem Fleisch.

Die in Mitteleuropa üblichen **Rassen** (Schwarzbunte, Fleckvieh, Rotbunte, Braunvieh, Gelbvieh) werden sowohl in der Milch- wie in der Fleischproduktion verwendet (Zweinutzungs-Rassen). Die weiblichen Tiere werden gemolken, die männlichen Tiere sowie die für die Bestandserhaltung nicht benötigten Kälber werden gemästet und dann geschlachtet. Der Milch- bzw. Fleischertrag ist bei den **Zweinutzungs-Rassen** zwangsläufig geringer als bei den auf Milch oder auf Fleisch gezüchteten **Spezialrassen**. Dafür können sie in beiden Produktionsrichtungen wirtschaftlich eingesetzt werden. In den klassischen Rinderländern (USA, Argentinien, Australien, Neuseeland) werden dagegen überwiegend spezialisierte Einnutzungs-Rassen verwendet (Milchrassen: Jersey, Guernsey, Holstein-Friesian; Fleischrassen: Angus, Charolais, Hereford).

Die erwünschten Eigenschaften werden mit vergleichsweise konventionellen Methoden erzüchtet. Am häufigsten ist die **Reinzucht,** also die Kreuzung von Tieren ein- und derselben Rasse. Inzucht (stark verengte Reinzucht, z. B. Geschwisterpaarung) wird immer nur vorübergehend zur Verfestigung einer günstigen Eigenschaft betrieben. Die Hybridzüchtung (Bastardkreuzung) spielt wegen des langen Generationsintervalls bei Rindern keine Rolle. Während die Reinzucht hauptsächlich zur Bestandsvermehrung eingesetzt wird, dienen Rassenkreuzungen zur Verbesserung des

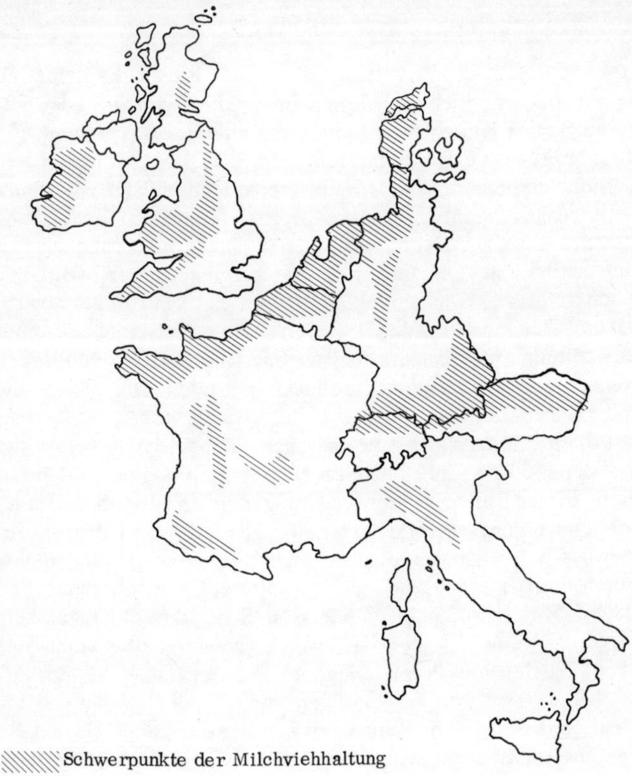

Schwerpunkte der Milchviehhaltung

genetischen Potentials. Je nach Absicht und Intensität des Kreuzungsprogramms spricht man von Veredelungs-, Kombinations- oder Verdrängungskreuzung (siehe auch Kapitel Züchtung). Wie verschlungen die Pfade des Genflusses sein können, zeigt ein Beispiel aus dem Bereich der Veredelungskreuzung: Eine deutsche Rasse, die als spezialisierter Milchtyp zu Hause nichts werden konnte, wanderte nach Amerika aus und wurde dort unter dem Namen »Holstein-Friesian« die Nummer eins. Als die Deutschen mit der Milchleistung ihrer Schwarzbunten nicht mehr zufrieden waren, holten sie das inzwischen stark verbesserte deutsch-amerikanische Milchrind zurück und veredelten damit ihren Kuhbestand. Leibhaftige Rinder werden bei solchen Transaktionen nur

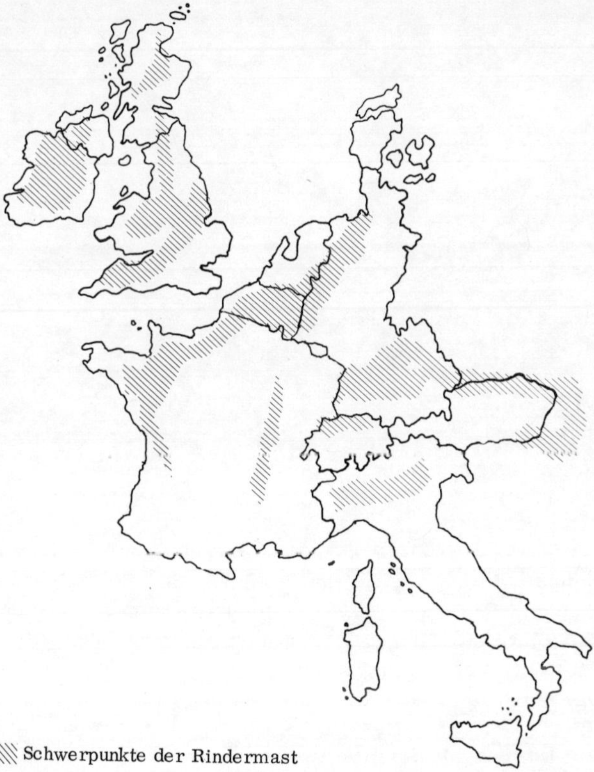

Schwerpunkte der Rindermast

noch selten verschickt. Man nimmt den Samen der Bullen oder die befruchteten Eizellen (Embryonen) der Kühe.

Zwar werden Kühe schon im Alter von 8 Monaten geschlechtsreif, doch »belegt«, also zur Zucht herangezogen, werden sie erst, wenn sie mindestens zwei Drittel des Endgewichts (je nach Rasse: 450–650 kg) erreicht haben. Dies ist im Alter von 16–20 Monaten der Fall. Anders als die Bullen, die immer zur Paarung bereit sind, lassen die Kühe den Deckakt nur zu, wenn sie brünstig sind. Die Brunst tritt, unabhängig von der Jahreszeit, alle drei Wochen auf und dauert im Mittel 17 Stunden. Die Symptome der Brunst (gerötete Scheide, Kontaktfreudigkeit, Bespringen) sind um so ausgeprägter, je freier die Kühe gehalten werden. Immer häufiger wird

Fleischtyp: Charolais-Bulle

die Brunst allerdings durch die hohe Milchleistung verdeckt oder verhindert, da sich diese auf den Hormonaushalt der Kuh wie eine verlängerte Säugezeit auswirkt. Durch Hormongaben versucht man des Problems Herr zu werden und ein anderes dabei gleich mit zu lösen: die Verringerung des Arbeitsaufwands (Besamung, Kalbung) durch zeitliche Synchronisation der Brunst innerhalb der Herde.

Zur Befruchtung der brünstigen Kühe werden Bullen nur noch selten »persönlich« herangezogen. In der Rinderzucht ist **künstliche Besamung** die Norm. Bevor ein Bulle als Samenspender freigegeben wird, muß er erst für 3–6 Jahre in den Wartestand. So lange dauert es, bis die Produktionsleistungen seiner Nachkommen aus etwa 1000 Testbesamungen ermittelt sind. Man möchte sichergehen, daß das Ergebnis den Erwartungen entspricht; immerhin überträgt ein Bulle seine Anlagen durch die künstliche Besamung auf mehrere 10 000 Nachkommen. Der Preis der Tiere entspricht ihrer Bedeutung: Für einen jungen Zuchtbullen der Spitzenklasse sind gut und gerne 20 000 DM auf den Tisch zu legen. Dafür präsentiert sich der Gegenwert auch optisch eindrucksvoll: Das Tier wiegt soviel wie ein Auto der oberen Mittelklasse.

Was der Bulle nur noch selten darf, übernimmt der Tierarzt oder der Besamungstechniker. Er spritzt der Kuh das verdünnte Sperma mit einem Kunststoffschlauch in die Scheide, nachdem er es einer mit flüssigem Stickstoff gekühlten Flasche entnommen und aufge-

Milchtyp: Deutsche Braunvieh-Kuh

taut hat. Zwischen der Befruchtung und der Geburt (Tragezeit) liegen im Mittel 285 Tage. Männliche Kälber bleiben in der Regel 2 Tage länger im Mutterleib, Zwillinge 4–6 Tage kürzer. Zwillingsgeburten sind so selten (2 %) wie unerwünscht, da die Nachteile (Geburtsprobleme, Fruchtbarkeitsstörungen, Leistungsdepression) den Vorteil der größeren Nachkommenschaft überwiegen. Ob eine Kuh trächtig ist oder nicht, erfährt der Bauer am zuverlässigsten, wenn er eine Milchprobe an das Tiergesundheitsamt schickt. Verläuft die chemische Analyse negativ, muß er den Besamungstechniker erneut bestellen. Von außen sieht man es einer Kuh erst drei Monate vor dem Kalben an, daß sie trächtig ist. In den ersten sechs Monaten wächst das Embryo so langsam, daß sich der Leibesumfang des Muttertiers nur unmerklich verändert.

Ab der Mitte des 8. Trächtigkeitsmonats wird die Kuh »trockengestellt«, d. h. nicht mehr gemolken. Die Milch kommt dann ausschließlich dem Kalb zugute. Ist es endlich da, entscheidet sein Geschlecht und seine Konstitution über die weitere Verwendung. Schwächliche oder überzählige Kälber werden nach kurzer Mast geschlachtet. Die beste Kuhkälber ersetzen die ausscheidenden Milchkühe, die besten Bullenkälber werden zu Mastbullen.

Daß Bauern sehr ungnädig reagieren können, wenn ihre Kühe es versäumen, – einer alten Bauernregel entsprechend – jedes Jahr ein Kalb zu liefern, hat außer dem entgangenen Kälbernutzen noch einen zweiten wichtigen Grund: Unfruchtbare Kühe liefern nicht

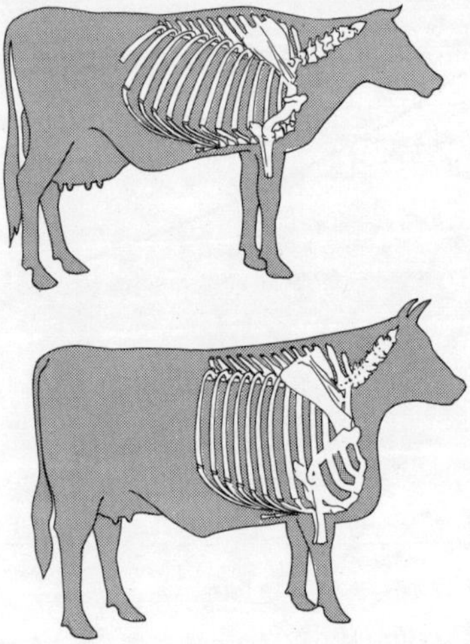

Das Milchrind (oben) stellt einen Stoffumsatztyp, das Fleischrind (unten) einen Stoffansatztyp dar.

mehr genügend Milch. Denn ursprünglich hat die Natur die Milch für das Kalb gedacht.

Die Milch, die in der ersten Woche nach der Kalbung anfällt (Kolostralmilch), darf nicht an die Molkerei abgegeben werden, da ihre veränderte Zusammensetzung die Käsereifung behindert. Die Phase zwischen der Wiederaufnahme der Melktätigkeit und dem Trockenstellen im 8. Trächtigkeitsmonat wird **Laktationsperiode** genannt. Sie dauert bei einer gesunden Kuh 305 Tage. Die Laktationskurve (Milchproduktion) erreicht ungefähr 8 Wochen nach der Kalbung ein Maximum und sinkt dann allmählich ab. Eine durchschnittliche bundesdeutsche Kuh gibt pro Laktationsperiode 5000 Liter Milch. Gut gefütterte amerikanische Milchrassen bringen es auf 8000 Liter. Den Weltrekord hält eine Kuh aus England: In ihrem 17jährigen Leben flossen 157 Tonnen Milch durch ihr Euter. Das sind 10 500 Liter pro Laktationsperiode oder durchschnittlich 35 Liter pro Tag. Um diese Leistung angemessen würdigen zu können, muß man wissen, daß zur Abscheidung von einem Liter Milch 300–500 Liter Blut durch das Euter fließen müssen.

Zwischen der vierten und sechsten Laktationsperiode erreicht die Kuh ihren Milchleistungshöhepunkt – oder besser: sie würde ihn erreichen, wenn sie nicht schon, im statistischen Mittel, nach 3 1/2 Nutzungsjahren geschlachtet würde. Ursachen hierfür sind die

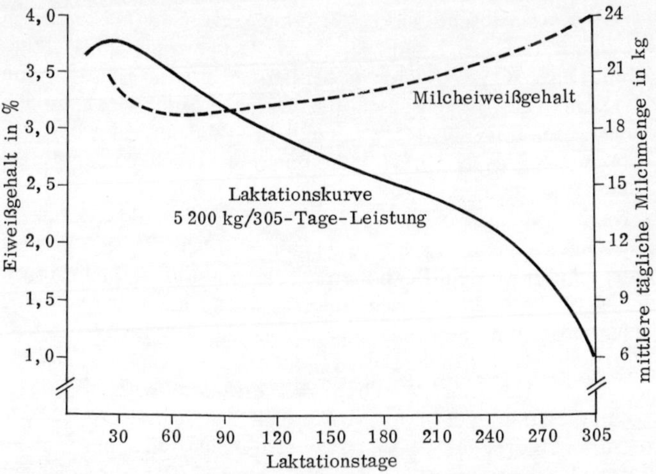

Milchleistung (Laktationskurve) und Eiweißgehalt der Milch einer Kuh während einer Laktationsperiode

infolge intensiver Nutzung verstärkt auftretenden Krankheiten und Fruchtbarkeitsstörungen, des weiteren marktbeeinflussende Maßnahmen (Abschlachtprämien) oder schlicht bäuerliche Fehlkalkulation. Der frühe Zeitpunkt des »Merzens« ist umso bedauerlicher, als unter Berücksichtigung aller Wertminderungs- und Kostenfaktoren das Optimum erst mit 8 Jahren erreicht würde und selbst mit 12 Jahren die Rentabilität noch besser wäre als in den ersten vier Jahren.

Milchkühe werden zweimal am Tag gemolken. Das Euter ist in vier Kammern unterteilt, die durch die jeweils darunterliegende Zitze entleert werden. Beim Handmelken wird die in der Zitze stehende Milch mit den Fingern von oben nach unten ausgedrückt (nicht »gestrippt«!). In den heute üblichen Melkanlagen wird versucht, diese Bewegung durch unterdruckgesteuerte Membranen in den Zitzenbechern nachzuahmen. Dabei auftretenden Schwierigkeiten versucht man durch Erzüchtung eines maschinengerechten Euters zu begegnen. Wird das **Melken** zur Arbeitserleichterung in einem Melkstand durchgeführt, so befindet sich dieser aus hygienischen Gründen meist in einem gesonderten Raum außerhalb des Stalles.

Bevor man mit dem Melken beginnen kann, müssen die Kühe durch einen Schlüsselreiz dazu gebracht werden, die Milch freizugeben. Reizauslösend wirkt z. B. eine kurze Eutermassage. Bei »trainierten« Kühen genügt bereits das Klappern mit dem Melkgeschirr. Durch den Reiz wird von der Hirnanhangdrüse das Hormon Oxytocin in das Blut ausgeschüttet. Durch das Blut wird es zu den Milchdrüsen transportiert, wo es eine Freigabe der Milch bewirkt. Zwischen Auslösereiz und Melkbereitschaft vergehen in der Regel 30–60 Sekunden.

Da die Milch gewöhnlich nur alle zwei Tage von den Molkereifahrzeugen abgeholt wird, muß sie möglichst schnell (auf 4 °C) heruntergekühlt werden. Bei höheren Temperaturen vermehren sich die Milchsäurebakterien sehr schnell, so daß die Milch vorzeitig sauer wird. Moderne Kühlanlagen geben die der Milch entzogene Wärme nicht mehr an die Luft ab, sondern übertragen sie auf Wasser, das für Heiz- und Waschzwecke verwendet wird.

Gut die Hälfte der in den **Molkereien** angelieferten Milch wird zu Butter verarbeitet, ein Viertel zu Trinkmilch und Sahne und der Rest zu Käse und Quark. Daß ständig (etwa 12 %) mehr Milch aus den Eutern fließt als gebraucht wird, ist weder den Verbrauchern noch den Kühen anzulasten. Der teure Überfluß hat mit der Doppelfunktion der Milch zu tun. Sie ist nämlich nicht nur Nahrungsmittel, sondern auch – so wollen es die bäuerlichen Interessenvertreter – »das wichtigste Instrument zur Einkommenssicherung der Landwirtschaft«. Damit das Instrument seine Wirkung voll entfaltet, schöpfen die Bauern das Leistungsvermögen ihrer Wiederkäuer mit importiertem **Kraftfutter** restlos aus. Ein Marktrisiko gehen sie dabei nicht ein, denn Preis und Absatz ihres Produkts werden durch die Europäische Gemeinschaft garantiert. Die Stützung des Milchmarkts kostete im letzten Jahr die europäischen Steuerzahler die Kleinigkeit von umgerechnet 15 Milliarden DM. Die teuere Produktivität der Milchtiere ist in erster Linie fütterungsbedingt: Versuche haben gezeigt, daß selbst Hochleistungsrassen mit wirtschaftseigenem Futter (also ohne Kraftfutter) über 15–20 l Milch im Sommer und 10 l im Winter nicht hinauskommen. Dürften Europas Milchbauern ihren Kühen nur das verfüttern, was auf ihren eigenen Feldern wächst, gäbe es folglich weder Butterberge noch Milchseen.

Daß die Kuh ein Weidetier ist, gerät durch die standortunabhängige Fütterung immer mehr in Vergessenheit. Die meisten Kühe werden das ganze Jahr über im Stall gehalten – auch wenn Grünflächen vorhanden sind – denn für die Bauern ist es meist günstiger, das Futter zu den Kühen zu bringen als umgekehrt.

Von der aufgenommenen Futterenergie gelangen nur etwa 15 Prozent in die Milch. Deren Qualität hängt wesentlich davon ab,

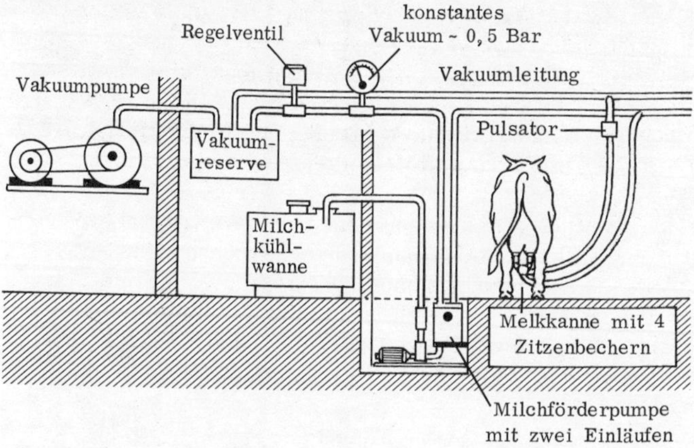

Funktionsschema einer automatischen Melkanlage

was die Kuh zu fressen bekommt. Im Sommer, wenn Frischfutter zur Verfügung steht, steigt der Gehalt an ungesättigten Fettsäuren. Die Butter läßt sich dann besser streichen. Ist die Milch zur Herstellung von Schimmelkäse vorgesehen, dürfen die Kühe kein siliertes Futter erhalten, weil die Propionsäure der Silage die Aktivität der Schimmelpilze hemmt.

Eine Kuh kann bis zu 100 kg Futter pro Tag aufnehmen. Die Ration besteht zu etwa 80 Prozent aus Wasser. Jeder Bissen wird 40–50mal wiedergekaut. Der verdauungsfördernde Prozeß beginnt 30–60 Minuten nach der Nahrungsaufnahme und dauert 4–6 Stunden.

Problemloser als beim Milchvieh ist die Fütterung von **Fleischrindern**. Da die Qualität des Futters weniger stark auf das Produkt durchschlägt, ergeben sich bei der Gestaltung des Mastvieh-Menüs mehr Freiheiten (Silage). Gemästet werden in erster Linie männliche Tiere. Sie wachsen schneller und setzen weniger Fett an. Während der Mast, die meist in Anbindeställen durchgeführt wird, nehmen die Bullen pro Tag 1000–1400 g zu. Nach 12–18 Monaten, wenn sie mit 400–600 kg das Mastendgewicht erreicht haben, werden die Tiere geschlachtet. Die geringe Schlachtausbeute (40–60 %) ist einer der Gründe, warum Rindfleisch relativ teuer ist. Überdies können nur die besseren Teilstücke als Fleisch vermarktet werden. Über die Hälfte des Rindfleischs muß deshalb zu Wurst verarbeitet werden.

Die **Ochsenmast**, die in der Welt immer mehr an Bedeutung ge-

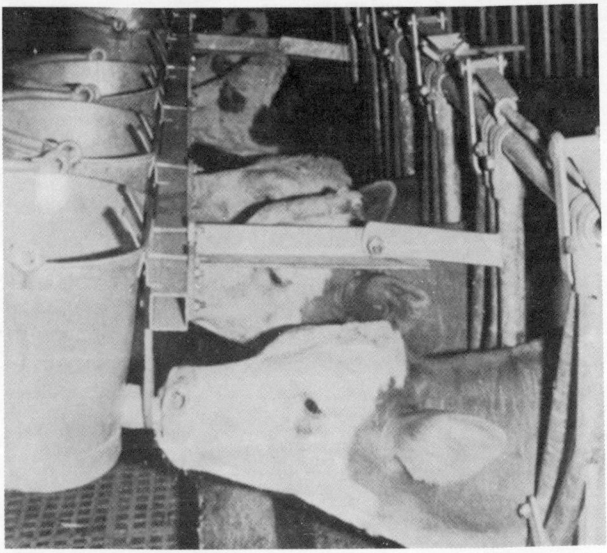

Schlachtkälber werden bis zu ihrer Bestimmung ausschließlich flüssig ernährt. Die so herbeigeführte Anämie (Blutarmut) gewährleistet die erwünschte weiße Kalbfleischfarbe.

winnt, weil sich kastrierte Tiere leichter halten lassen als Bullen, spielt in der Bundesrepublik nur noch eine untergeordnete Rolle. Zwar ist das Fleisch der Ochsen zarter als das der Bullen, doch neigen die Kastrate frühzeitig zur Verfettung.

Ein kurzes Leben ist jenen (konstitutionsschwachen) **Kälbern** beschieden, die weder in der Milch- noch in der Fleischproduktion zu gebrauchen sind. Sie werden (von 40 kg) auf 150 kg hochgemästet und nach 16 Wochen geschlachtet. Damit das Fleisch die gewünschte weiße Farbe besitzt, wird durch Haltung (strohlos, in abgedunkelten, engen Ställen) und Ernährung (flüssig, zur Verzögerung der Pansenentwicklung) eine künstliche Blutarmut (Anämie) herbeigeführt. Daß die Tiere sehr unter dem Mangel an Rauhfutter und Mineralstoffen leiden, zeigt sich daran, daß sie alles anknabbern, was in ihrer Nähe ist: In den Mägen geschlachteter Kälber finden sich immer wieder faustgroße Haarballen. Sie stammen vom Fell der Nachbartiere. Die krankmachenden Fütterungs- und Haltungsbedingungen der Kälbermast sind von Tierschützern und engagierten Wissenschaftlern wiederholt scharf kritisiert worden. Endlich haben ihre Bemühungen Früchte getragen: In der Erkenntnis, daß es sich bei der weißen Fleischfarbe nicht um ein echtes Qualitätskriterium handelt, hat das Ernährungsministerium die Forderung aus der Kalbfleischverordnung gestrichen, daß Kalbfleisch weiß zu sein hat. An der Praxis der Kälbermast wird sich jedoch erst etwas ändern, wenn der Verbraucher das ungewohnte (rosa) Produkt ausdrücklich verlangt.

2.3 Das Schwein

Das Schwein ist ein Ein-Nutzungstier. Es liefert Fleisch – und sonst gar nichts. Dafür erfüllt es diese Aufgabe mit Bravour: Von den 90 kg, die ein Bundesbürger pro Jahr an Fleisch verzehrt, stammen 55 kg vom Schwein. In keinem anderen Land wird mehr Schweinefleisch gegessen als in der Bundesrepublik. Dabei wurde das Tier

Das europäische Wildschwein ist die Stammform aller einheimischen Hausschweinrassen.

hierzulande weder domestiziert noch perfektioniert.

Nach allem, was man heute weiß, fand die Domestikation vor 8000–10 000 Jahren an drei verschiedenen Orten, unabhängig voneinander, statt: in Skandinavien, im Vorderen Orient und in Südostasien. In der zweiten Hälfte des 19. Jahrhunderts erhielt die deutsche Schweinezucht Entwicklungshilfe aus England: Die zwar robusten, aber zu hochwüchsigen und spätreifen Landrassen wurden durch Kreuzung mit Yorkshire-Ebern umgeformt und veredelt. Beim **Deutschen veredelten Landschwein,** das heute 94 Prozent des bundesdeutschen Bestands von 21 Millionen Schweinen stellt, kam nach 1950 noch der Einfluß holländischer und dänischer Typen hinzu. Die Rasse wurde dadurch langgestreckter, fleischwüchsiger und fettärmer. Die Arbeitsgemeinschaft Deutscher Schweinezüchter beschreibt ihr züchterisches Ideal so: »Ein schnellwüchsiges Schwein, das bei großer Fruchtbarkeit und hohem Milchreichtum eine gute Aufzuchtleistung aufweist, konstitutionsstark ist und sich durch ein gutes Futterverwertungsvermögen, verbunden mit besten Schlachtkörpereigenschaften auszeichnet.«

Ein Großteil dieser Forderungen erfüllte sich durch das Bundeshybridzuchtprogramm, das vor zehn Jahren ins Leben gerufen wurde. **Hybride** sind die Nachkommen aus der Kreuzung verschiedener Rassen. Unter günstigen Umständen vereinen sie in sich die Vorzüge beider Eltern. Allerdings können sie diese Vorzüge nicht ungeschmälert an die nächste Generation weitergeben. Sie müssen deshalb immer wieder neu durch Kreuzung der Ursprungslinien kombiniert werden. Die deutschen Hybridzüchter konnten nach vier Jahren ein »Super-Schwein« vorstellen, das sein Mastendgewicht 10 Tage früher erreichte und für jedes Kilo Gewichtszuwachs 390 g weniger Futter brauchte als üblich. Bei rassereiner Zucht hätte ein solcher Erfolg 20 Jahre gedauert.

700 Millionen Schweine werden derzeit auf der Welt gehalten. In den Industrieländern der westlichen Welt vertilgt jeder Erwachsene im Jahr ein halbes Schwein. Daß Schweinefleisch so beliebt ist, hat wohl in erster Linie mit seinem Preis zu tun: Es ist billiger als Rindfleisch – und das nicht ohne Grund: Das Schwein ist ein **Abfallfresser**, d. h. es kann billig ernährt werden, und es ist außerordentlich fruchtbar. Eine Sau wirft pro Jahr etwa 20 Ferkel, die alle ihrer Bestimmung zugeführt werden.

Was nun seine Ernährungsgewohnheiten angeht – da macht das Schwein seinem Namen alle Ehre. Es frißt Küchenabfälle und Schlachtabfälle, Müllkompost (»Ferkelerde«), Molke und sogar seinen eigenen Kot. Eine steigende Zahl von Abfallfütterungsbetrieben zieht aus dem Freßverhalten der Schweine die logische Konsequenz: Die Abfälle stammen von Lebensmittel-Märkten, Großküchen, Schlachtereien, Molkereien oder Brauerein. Sie werden homogenisiert und den Schweinen flüssig in die Tröge gepumpt. Wenn 10 Prozent Getreideschrot beigemischt werden, erreichen die Tiere nach einem halben Jahr ihr Schlachtgewicht. So unappetitlich die Sache auf den ersten Blick erscheint: Sie ist, bei Einhaltung gewisser Sicherheitsmaßregeln (Abkochen der Abfälle), nicht nur unbedenklich, sondern darüber hinaus auch ökologisch sinnvoll: Die Abfälle aus der menschlichen Ernährung werden direkt in den Nahrungskreislauf zurückgeführt.

Gleichwohl ist Abfallfütterung in der Schweinehaltung eher die Ausnahme. Die meisten Schweinemäster ziehen es vor, ihre Tiere mit relativ teuren pflanzlichen Rohstoffen (Mais, Soja, Getreide, Kartoffeln, Rüben, Silage, Kleie) auf dem schnellsten Wege in die Schlachthäuser zu befördern. Die Möglichkeiten des Tiers zur rohstoffsparenden Eiweißproduktion werden in den wohlhabenden Ländern kaum genutzt.

Das Schwein verwertet das angebotene Futter wirkungsvoll und schnell. Um ein Kilo Körpergewicht zu bilden, braucht es 3,5 kg Futter (Trockenmasse). Hatte ein Schwein im Mittelalter noch fünf Jahre Zeit, sein Endgewicht von 100 kg zu erreichen, so bleiben

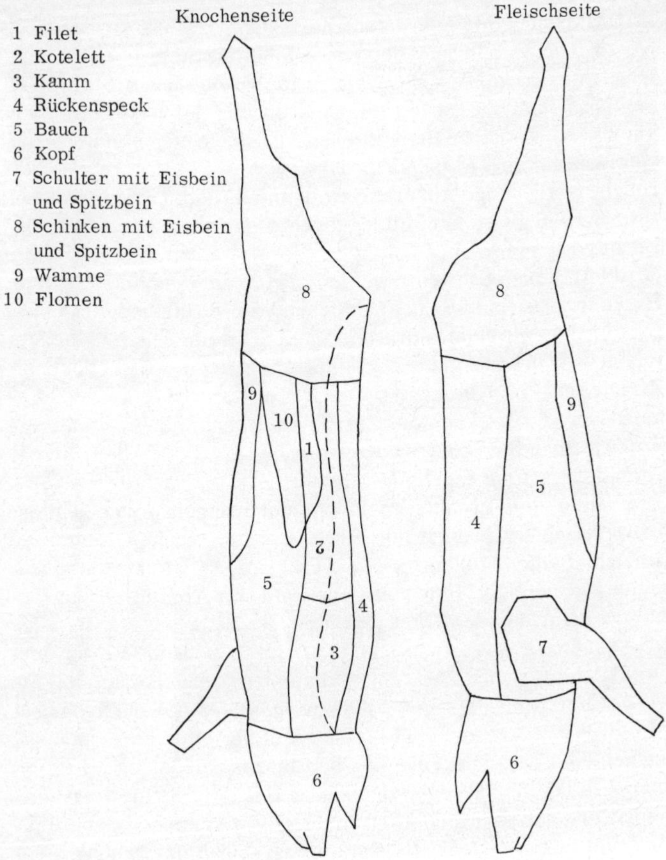

Schlachtkörper-Teilstücke beim Schwein

ihm heute hierfür nur noch fünf Monate.

So vorteilhaft das schnelle, durch Anabolika (Stoffe, die den Aufbau von Körpersubstanz fördern) beschleunigte Wachstum für die Mäster auch sein mag – für die Tiere bringt es eine Reihe von Problemen: Ihr **Herz** ist der gestiegenen Belastung kaum noch gewachsen. Schon bei geringen Anlässen neigen sie zu panischen Reaktionen. Der Adrenalin-Spiegel steigt, die Fleischqualität sinkt.

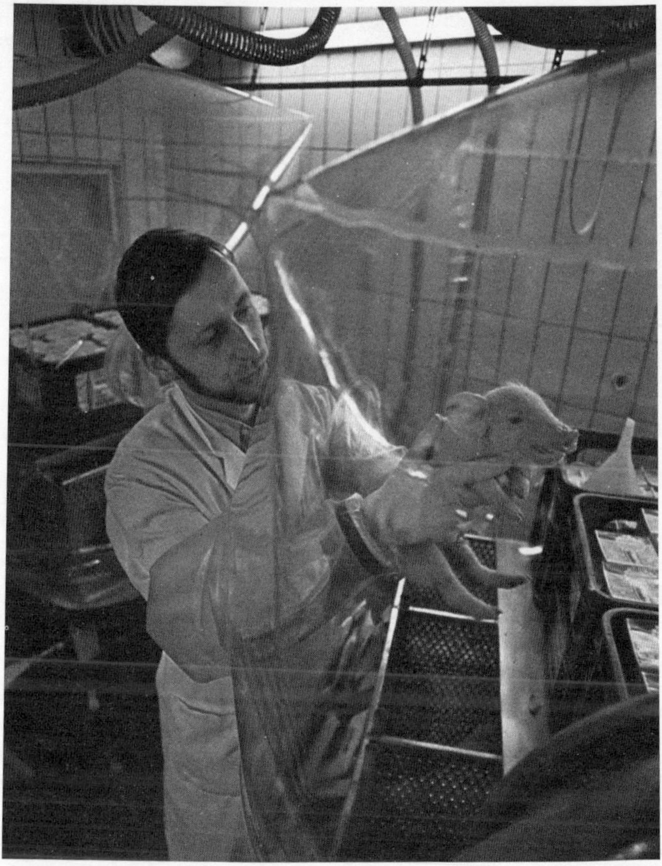

Nach der operativen Geburt werden die SPF-Ferkel in Isolationskammern aufgezogen, um eine Infektion mit schweinespezifischen Erregern zu vermeiden.

In den 60er Jahren starben in der Bundesrepublik beim Transport in die Schlachthäuser jährlich 400 000 Schweine vorzeitig an Herzversagen. Inzwischen züchtet man auf Streßfreiheit, gibt Beruhigungsmittel und verlegt den Transport in die kühlen Nachtstunden. Ebenfalls nachteilig für die Gesundheit der Schweine und die Qualität ihres Produkts wirkt sich der durch das schnelle Wachstum bedingte höhere Wassergehalt des Fleischs aus: Das

Kotelett schrumpft beim Braten in der Pfanne. Daß das moderne Züchtungsprodukt sein stattliches Gewicht kaum noch auf den Beinen halten kann, verdankt es ebenfalls dem abenteuerlich beschleunigten Wachstum: Es erreicht sein Endgewicht zwei Jahre, bevor sein Skelett ausgewachsen und verknöchert ist. **Gelenkerkrankungen** sind deshalb beim »modernen« Schwein die Norm.

Ein Problem, mit dem sich die Schweinehalter nicht erst seit gestern herumzuschlagen haben, sind die bei diesem Tier besonders zahlreichen **Seuchen**. Immer wieder werden ganze Bestände durch Pocken oder Schweinepest, Milzbrand oder Tollwut, Maul- und Klauenseuche oder Brucellose, Ferkelgrippe oder Schnüffelkrankheit dahingerafft. Durch Impfung, Desinfektion von Ställen und Trennung von Nachzucht- und Mastbetrieben versucht man in neuerer Zeit, das Problem in den Griff zu bekommen. Gelingt dies nicht, muß der Bestand völlig neu aufgebaut werden. Man verwendet hierfür sogenannte SPF-Ferkel (specific pathogen free), die frei von schweinespezifischen Krankheitserregern sind. Sie werden, um eine mögliche Infektion im Geburtskanal zu verhindern, durch Kaiserschnitt zur Welt gebracht. Danach werden sie in künstlich belüfteten Isolationskammern mit steriler Milch aufgezogen.

Die **Fruchtbarkeit** des Schweins ist beeindruckend. Zwar schafft ein Eber seine rund 10000 Nachkommen nur durch künstliche Besamung (das Sperma kann durch Verdünnung »gestreckt« werden), doch bei der Fruchtbarkeit der Sau ist Biotechnik noch nicht im Spiel. Sie wirft in fünf Lebensjahren etwa 90 Ferkel – mehr als zehn bei jedem Wurf. Mit 14 Strichen (Zitzen) ist sie auf den Ferkelsegen bestens vorbereitet. Die Jungtiere verdoppeln ihr Geburtsgewicht schon nach einer Woche. (Der Mensch braucht dazu 5 Monate.) Männliche Ferkel, die für die Mast vorgesehen sind, werden mit etwa vier Wochen kastriert, um Unruhe im Stall zu vermeiden. Im Alter von zehn Wochen, wenn die Ferkel etwa ein Gewicht von 20 kg erreicht haben, beginnt die Mast. Sie dauert vier bis fünf Monate und endet bei einem Schlachtgewicht von 80–100 kg.

Die **Aufstallung** der Schweine wird sehr unterschiedlich gehandhabt. Orientiert sich das Raumangebot bereits zu Beginn der Mast an der Endgröße der Tiere, wird über weite Phasen Platz verschenkt. Die Bauern vermeiden dies, indem sie die Schweine während der Mast mehrmals »umbuchten«. Dabei ergibt sich die Gelegenheit, stärkere und schwächere Tiere in Leistungsklassen einzuteilen, um Rangordnungskämpfe zu vermeiden. Die schwächeren Tiere laufen sonst Gefahr, bei der Fütterung abgedrängt zu werden, wodurch sich ihr Wachstumsdefizit noch vergrößert.

Kranke Tiere fallen bei der Fütterung durch Freßunlust auf. Sie werden, soweit möglich, mit Antibiotika wieder fit gemacht. Um Arbeit zu sparen, gehen immer mehr Betriebe zur Flüssigfütterung über. Das Futter wird in Wasser aufgeschwemmt und, durch Mengenmesser dosiert, den Schweinen über ein Rohrleitungssystem in die Tröge gepumpt. Die Flüssigfütterung bedeutet für die Tiere keinen Nachteil, da der einräumige Schweinemagen ohnehin kaum in der Lage ist, Rohfasern aufzuschließen.

Während der viermonatigen Mast scheidet das Schwein ungefähr 1000 Liter Kot und Harn aus. Meist stehen die Schweine auf Spaltenböden. Die Exkremente fallen nach unten in einen Sumpf. Ältere Ställe ohne Spaltenböden müssen wegen der Geruchsentwicklung regelmäßig entmistet werden. In halboffenen Ställen kann dieser Arbeitsgang entfallen. Die Schweine wachsen in diesem Fall auf ihren eigenen Exkrementen allmählich der Decke entgegen. In geschlossenen Ställen hängt das Leben der Schweine am Stromkreis. Fällt der Strom für die Ventilatoren aus, wie während der Schneekatastrophe 1979 in Schleswig-Holstein, sterben die Schweine nach wenigen Stunden den Erstickungstod. Beheizt werden müssen Schweineställe, wegen der hohen Wärmeabgabe der Tiere, dagegen nur selten. Wo dies erforderlich ist, wird das Problem oft mit Wärmetauschern gelöst. Sie übertragen die Wärme der Abluft auf die Frischluft.

Schweinehaltung ist für die Bauern in erster Linie ein Rechenexempel. Die Ferkel kaufen sie für 70–130 DM. Das Mastfutter kostet pro Tier mindestens 100 DM (bei Abfallfütterung); der Stallplatz, je nach Ausführung, 300–700 DM. Für das schlachtfertige Tier erhalten sie, pro 100 kg, 300–330 DM. Kein Wunder, daß angesichts einer so knappen Kalkulation die Bauern immer wieder versucht sind, bei günstigem Marktpreis ihre Schweinebestände zu vergrößern und umgekehrt. Das Ergebnis ist der berühmte Schweinezyklus, der als Beispiel für eine verspätete Angebotsreaktion volkswirtschaftliche Bedeutung erlangt hat.

Obwohl sich der Schlachtwert am lebenden Objekt bei keinem landwirtschaftlichen Nutztier schwieriger ermitteln läßt als beim Schwein, wird dieses lebend gehandelt. Der Bauer verkauft meist ab Hof. Der Agenturzwang verbietet es ihm, am Markt selbst als Anbieter aufzutreten. In der Bundesrepublik befinden sich zwischen ihm und dem Verbraucher 15 000 Viehhändler, 45 000 Metzger, 600 Großschlachtereien und 300 Fleischfabriken. Kein Wunder, daß vom billigen Schweinepreis am Ende nicht viel übrig bleibt.

2.4 Das Schaf

Vielfältig, wie der Nutzen des Rinds, ist auch der des Schafs. Es liefert Fleisch, Milch und Wolle, und auch seine Nebenprodukte (Fell, Därme, Dung) finden auf vielerlei Art Verwendung. In neuerer Zeit macht sich das Tier überdies als Pfleger der Kulturlandschaft verdient, indem es durch Beweidung das Zuwachsen von Brachflächen verhindert.

Das Schaf wurde schon vor 10000–12000 Jahren zum Haustier. Seine frühe Bedeutung für den Menschen dokumentiert sich unter anderem in einer Reihe biblischer Gleichnisse (z. B. dem vom guten Hirten). Als widerstandsfähiges, genügsames Weidetier findet das Schaf, wie die Ziege, seine größte Verbreitung in den Tropen und Subtropen. Doch, anders als in der Ziegenhaltung, gehören Länder mit hohem Schafbestand eher zu den wohlhabenden einer Region. In der nördlichen Hemisphäre ist die **Fleischnutzung** meist das Hauptmotiv der Schafhaltung. Dagegen hat die **Wollnutzung** ihren Schwerpunkt in den Ländern südlich des tropischen Regengürtels. Im klassischen Schafland Australien stammen z. B. 35 Prozent der gesamten Exporterlöse aus Schafwolle. Schafsmilch wird vor allem in Nordafrika und im Vorderen Orient genutzt.

Rund eine Milliarde Schafe werden derzeit auf der Erde gehalten. Davon leben 176 Millionen in Australien, 131 Millionen in der Sowjetunion, 71 Millionen in China, 61 Millionen in Neuseeland, 43 Millionen in Indien, 40 Millionen in Argentinien und 39 Millionen in Südafrika. In der Europäischen Gemeinschaft nimmt Großbritannien mit 26 Millionen Schafen eine Sonderstellung ein. Kein anderes Land der EG hat einen ähnlich hohen Schafbestand. In der Bundesrepublik werden nur 1,1 Millionen Schafe gehalten. Durch die Rationalisierung der Landwirtschaft verlor die Schafhaltung als extensive Wirtschaftsform nach dem Krieg in der BRD zunächst erheblich an Bedeutung. Seit 1965 nimmt der Schafbestand – kurioserweise aus dem gleichen Grund – allmählich wieder zu: Durch die Mechanisierung entstehen immer mehr Brachflächen (derzeit: 300000 ha), die nicht maschinengerecht bewirtschaftet werden können. Sie werden zum Teil durch Schafe offen gehalten, d. h. vor der Verbuschung bewahrt. Eine zweite Veränderung, die den Aufschwung der Schafhaltung begünstigt, betrifft die Eßgewohnheiten: Der Pro-Kopf-Verbrauch an Schaffleisch ist in den letzten Jahren von 200 g auf 700 g/Jahr gestiegen. Das Schaf ist in der Bundesrepublik in erster Linie ein Fleischtier. 85 Prozent der Erlöse stammen aus der Schlachtung und nur 15 Prozent aus der Schur. Die Milchgewinnung spielt statistisch keine Rolle.

Das Schaf ist nach der Ziege unter den Wiederkäuern das genügsamste Nutztier. Durch seinen, im Verhältnis zur Körpergröße, überdurchschnittlich langen Verdauungskanal (Mundhöhle, Speiseröhre, Vormagen, Labmagen, Darm) kann es rohfaserreiche Kost besser verwerten als das Rind. Dennoch ist das Schaf, wo es die Umstände erlauben, ein selektiver Fresser. Seine lukullischen Neigungen sind so ausgeprägt, daß es in der Pflanzenzüchtung zur Bewertung neuer Klee- und Grassorten eingesetzt wird. Dabei hat man festgestellt, daß Schafe nichts lieber fressen als Klee. Gras wird von ihnen, wenn sie die Wahl haben, nicht halb soviel aufgenommen. Doch ohne Reue ist auch dieser Genuß nicht: Fressen die Schafe zuviel Klee und zuwenig Gras, stellen sich schmerzhafte Blähungen ein. Es gehört daher zu den wichtigsten Aufgaben eines Schäferhundes, eine allzu selektive und damit unvollständige Beweidung zu verhindern, indem er das Erschließungstempo drosselt. Unter derart kontrollierten Bedingungen verwandelt sich das geschmäcklerische Schaf zu einem idealen Landschaftspfleger. Es bewahrt Brachflächen, Skihänge, Überschwemmungsgelände, Bahndämme, Deiche u. ä. vor Verbuschung und trägt so zur Erhaltung des Landschaftsbilds bei.

Wenn es nichts mehr zu pflegen, respektive zu fressen gibt, muß die Herde weiterziehen. Hieraus hat sich das Wanderschäfertum entwickelt, eine Form des Nomadentums. Um die Weideperiode zu verlängern, wandern die Schäfer mit ihren Herden im Herbst in die großen Flußebenen (z. B. die Rheinebene). Im Frühjahr kehren sie dann in die Mittelgebirge (z. B. die Schwäbische Alb) zurück. Am dichtbesiedelten Niederrhein präsentiert sich das Wanderschäfertum in einer ziemlich unromantischen Variante: Sobald die Gegend abgegrast ist, werden die Schafe auf Lastwagen verladen und zum nächsten Einsatz gefahren.

Ein tüchtiger Schäfer kann 250 Mutterschafe samt Nachzucht versorgen. Der aufopferungsvolle Beruf erfordert pro Woche eine 70stündige Arbeitsbereitschaft. Dennoch ist die Nachfrage nach Ausbildungsplätzen derzeit so groß, daß sie von den 275 anerkannten Lehrbetrieben nicht befriedigt werden kann. Die Ausbildung dauert drei Jahre und schließt mit einer Prüfung zum Tierwirt ab.

Zur Intensivierung der Produktion werden Schafe manchmal das ganze Jahr über im Stall gehalten. Zwar ist bei dieser Haltungsform die Fütterung teurer, aber man spart Arbeit und verringert das Risiko parasitärer Erkrankungen.

Das Leben der Fleischschafe ist außerordentlich kurz. Schon 120–180 Tage nach der Geburt werden die Lämmer geschlachtet. Fleisch von älteren Tieren gilt in der Bundesrepublik als nicht

Weißköpfige Fleischschafe

marktfähig. Aussicht auf ein längeres Leben haben lediglich die für die Nachzucht vorgesehenen Tiere. Die Nutzungsdauer der Muttertiere endet gewöhnlich nach der fünften Lammung.

Die weiblichen Tiere werden erstmals im Alter von 7–8 Monaten gedeckt. Im Erfolgsfall kommt 150 Tage später ein Lamm zur Welt. Die Häufigkeit von Zwillingsgeburten nimmt mit dem Alter zu. Wird das Lamm vorzeitig von der Mutter abgesetzt, ist diese schneller wieder brünstig, so daß bei guter Fütterung zwei Lammungen pro Jahr möglich sind. Die Brunst tritt, bei den meisten Rassen unabhängig von der Jahreszeit, alle 16–17 Tage auf und dauert im Mittel 34 Stunden. Man erkennt die Brunst daran, daß das Schaf beim Bespringen stehen bleibt.

Der zum **Decken** verwendete Bock wird nicht aus dem Bestand entnommen. Dadurch soll verhindert werden, daß die Qualität der Herde durch Inzucht absinkt. Aus dem gleichen Grund verbietet das Tierzuchtgesetz, mehr als 60 Schafe einer Herde von einem Bock decken zu lassen. Die überragende Bedeutung des Bocks für die Qualität der Nachzucht wird in der Schafhaltung so umschrieben: »Der Bock ist die halbe Herde.«

Ob ein Schaf zur Fleischerzeugung verwendet wird oder für die Nachzucht, entscheidet sich schon wenige Tage nach der Geburt: Die gut entwickelten Lämmer macht man zu Mutterschafen, die weniger gut entwickelten werden zu Schlachtlämmern gemästet.

Merino-Wollschaf

Die **Bocklämmer** werden zur Verbesserung der Fleischqualität wenige Tage nach der Geburt kastriert. Den **Schaflämmern** kürzt man, etwa um die gleiche Zeit, den Schwanz (Kupieren), um die Gefahr von Scheidenentzündungen zu verhindern.

Das **Wollkleid** (Vlies) ist für den Wärmehaushalt des Schafs von großer Wichtigkeit. Es schützt gegen Wärme und Kälte gleichermaßen. Unter tropischer Sonne kann zwischen Hautoberfläche und Vlies ein Temperaturgefälle von bis zu 50 °C entstehen. Als man in Argentinien einer Fleischrasse das Vlies wegzüchtete, in der Hoffnung, die Tiere würden die gesparte Energie für mehr Fleischwachstum verwenden, trat das genaue Gegenteil ein: Die Schafe wuchsen langsamer, weil ihnen der natürliche Wärmeschutz fehlte.

Wider Erwarten wächst das Wollkleid im Sommer stärker als im Winter. Der Grund hierfür ist die bessere Ernährung im Sommer. Der Ernährungsstand der Muttertiere beeinflußt sogar das Wollwachstum der Lämmer – selbst vor der Geburt. Wollrassen liefern pro Jahr 3,5–5,5 kg Wolle. Die Länge des Wollhaars schwankt, je nach Rasse, zwischen 5 und 40 cm – je nachdem auch, ob die Tiere, wie üblich, nur einmal im Jahr geschoren werden (Vollschur) oder in kürzeren Zeitabständen (Halbschur etc.). In der Welt werden jährlich 1,5 Millionen Tonnen Schafwolle produziert. Durch eine Reihe von Vorzügen (Wärmehaltung, Atmungsaktivität, Elastizi-

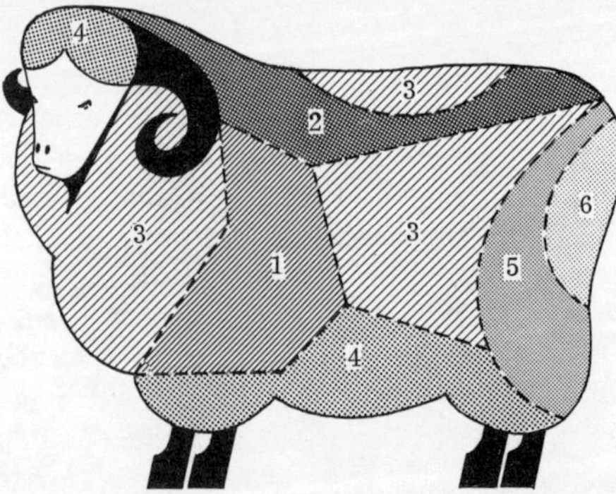

Verteilung der Wollqualitäten beim Schaf. Die Qualität sinkt mit steigender Zahl.

tät) hat das Produkt seine Position gegen die starke Kunstfaser-Konkurrenz behaupten können.

Nur ein kleiner Teil des Welt-Schafbestands wird gemolken. Besitzt das Schaf mehr als zwei Zitzen, liegen die überzähligen Striche meist trocken. Eine **Laktationsperiode** kann bis zu 300 Tage dauern. Den höchsten Laktationsertrag liefert mit 800 kg Milch das Deutsche Milchschaf. Die Rasse wird jedoch in Deutschland nicht mehr gehalten. In Europa hat die Schafmilch-Gewinnung nur noch auf dem Balkan (bulgarischer Schafskäse) und in einigen Gegenden Frankreichs (Roquefort-Käse) wirtschaftliche Bedeutung.

Die Einteilung der **Schafrassen** ist wegen der zahlreichen Übergangsformen hinsichtlich Typ, Form, Wollcharakter und Nutzungsrichtung schwierig. Am gebräuchlichsten ist die Unterteilung nach Wolltypen, unabhängig davon, ob die Schafschur die Hauptnutzungsrichtung darstellt. Zu den bekanntesten Rassen gehören die feinwolligen Merinos (Fleisch- und Wollrassen), die langwolligen, weißköpfigen Fleischschafe (Leicester, Landschaf, Texel-Schaf), die kurzwolligen Fleischschafe (Ile de France) und die Grobwollrassen (Hochlandschafe). Zu dieser letzten Gruppe gehören auch die Fettschwanz- und Fettsteißschafe. Sie besitzen die Fähigkeit, einen großen Teil des Körperfetts als Reserve im Schwanz einzulagern. Ihr Fleisch ist deshalb besonders mager. Ein herausragender Vertreter dieser Gruppe ist das Karakul-Schaf. Aus der Wolle seiner Lämmer werden die berühmten Persianer-Pelze hergestellt.

2.5 Die Ziege

Ziegen sind immer für eine Überraschung gut. Verhaltensforscher sprechen von einer »ausgeprägten Neigung des Tiers, die vorgegebenen Grenzen zu sprengen«. Eine Überraschung stellt auch die wirtschaftliche Bedeutung des Tiers dar: Ziegenmilch wird von mehr Menschen auf der Welt getrunken als Kuhmilch.

Doch Undank ist der Ziegen Lohn: So wie der Esel gemeinhin als mindere Ausgabe des Pferds betrachtet wird, gilt die Ziege als arme Verwandte des Schafs. Tatsächlich stehen sich Schaf und Ziege zoologisch so nahe, daß eine Unterscheidung anhand von Knochenfunden kaum möglich ist. Man nimmt deshalb an, daß beide Tiere zur gleichen Zeit am gleichen Ort domestiziert wurden: im Vorderen Orient vor 10000–12000 Jahren. Schaf und Ziege sind somit die ältesten Nutztiere des Menschen.

Obwohl die Ziege länger als jedes andere Tier in menschlichen Diensten steht, erfreut sie sich nirgendwo auf der Welt besonderer Wertschätzung. Schuld daran ist ausgerechnet ihre beste Eigenschaft: die **Genügsamkeit**. Sie macht das Tier zu einem Indikator für Armut. Wer Ziegen hat, der hat es nötig. Früher wurde die Ziege bei uns »die Kuh des kleinen Mannes« genannt. Heute werden in der Bundesrepublik nur noch 35000 Ziegen gehalten – zehnmal weniger als 1960. In der Konsumgesellschaft ist Genügsamkeit keine gute Eigenschaft.

80 Prozent der 375 Millionen Ziegen auf der Welt werden in den Tropen und Subtropen gehalten. Wegen ihrer vielseitigen Verwendung, ihrer Anpassungsfähigkeit und ihrer Genügsamkeit ist die Ziege in den Ländern der Dritten Welt ein unentbehrliches Haustier. 29 Prozent des Welt-Ziegenbestands entfallen auf Afrika, 24 Prozent auf Südostasien, 16 Prozent auf den Nahen Osten, 15 Prozent auf China, 12 Prozent auf Lateinamerika und nur 3,5 Prozent auf Europa.

Auf minderwertigen Weidestandorten (Halbwüste, Gebirge, verbuschtes Brachland), wo Rind und Schaf längst nicht mehr zu halten sind, liefert die Ziege noch einen, wenn auch geringen, Ertrag. Er ist den Bedürfnissen oft besser angepaßt als der größere Kuhertrag, da in den Tropen und Subtropen häufig keine Möglichkeit zur Konservierung besteht. Dennoch ist die Milchziege natürlich nur zweite Wahl, wo eine Kuhhaltung möglich ist.

Da die Ziege meist als das letzte Weidetier vor der völligen Verwüstung semiarider Gebiete eingesetzt wurde, gab man ihr die Schuld an der Zerstörung der Landschaft. Verschiedene Länder reagierten mit spektakulären Ziegenvernichtungsaktionen. In

Wirklichkeit setzten die Ziegen nur den Schlußpunkt unter eine Entwicklung, die vom Menschen durch Abholzung der Wälder und Überstockung der Weiden in Gang gesetzt worden war.

Um die Flurschäden gering zu halten, wird die Ziege in den tropischen und subtropischen Ländern beim Weiden angepflockt oder bewacht. In den Alpenländern ist Stallfütterung die Regel. Wird die Weidefläche knapp bemessen, frißt die Ziege so ziemlich alles: Blätter, Gras, Klee, Knospen, Zweige, Wurzeln, ja sogar salzige und stark aromatische Kräuter. Bei einem Fütterungstest, der in der Bundesrepublik durchgeführt wurde, nahmen die Ziegen 449 von 576 angebotenen Gewächsen an. Bei Weideversuchen im peloponnesischen Bergland wurde mit Ziegen ein um 20 Prozent größerer Fleischertrag erzielt als mit Schafen. Ähnliche Ergebnisse sind aus Pakistan und dem Libanon bekannt. Da die Ziege, bei restriktiver Weidehaltung, heruntergekommene, verbuschte Flächen für Schafe erschließen kann, ist der beste Fleischertrag pro Fläche bei kombinierter Schaf- und Ziegenhaltung zu erwarten. Die Weideflächen müssen knapp bemessen sein, da das Meckertier sonst seine beste Eigenschaft vergißt und zu selektiver Beweidung übergeht.

Daß die Ziege selbst zellulosereiche, harte Pflanzenteile aufnehmen kann, verdankt sie ihrer besonders wirksamen **Rohfaser-Verdauung**. Diese wird von keinem anderen Wiederkäuer übertroffen. Hier liegt einer der Gründe, warum Ziegen in den Tropen und Subtropen (zellulosereiche Vegetation) besonders zahlreich gehalten werden. Vor allem bei den schweren **Milchrassen** (Saanen, Toggenburg, Anglo-Nubier) beeindruckt außerdem die Aufnahmekapazität: Sie können, im Verhältnis zu ihrem Körpergewicht (50–70 kg), dreimal soviel Futter-Trockenmasse zu sich nehmen wie das Schaf oder das Rind.

Bei hohen Temperaturen schränkt die Ziege die Futteraufnahme ein – jedoch weniger stark als andere Wiederkäuer. Der Kaurhythmus (90 Schläge/min.) wird unter allen Umständen beibehalten – selbst im Schlaf. Nur bei starker Irritation setzt die Ziege mit dem Kauen für kurze Zeit aus.

Ziegen schlafen mit offenen Augen. Daß sie schlafen, ist nur an der erhöhten Reizschwelle zu erkennen. Auf der Weide sind die Tiere bestrebt, Sichtkontakt zu halten. Werden Ziegen von der Herde abgeschnitten, zeigen sie panische Reaktionen.

Nicht nur hinsichtlich ihres Freßverhaltens besitzt die Ziege von allen Wiederkäuern die größte **Anpassungsfähigkeit**: Sie ist geländegängiger, weniger krankheitsanfällig und weniger temperatur- und strahlungsempfindlich. Hohe Luftfeuchtigkeit verträgt sie al-

Wird der Aktionsradius von Ziegen nicht eingeschränkt, vergessen sie ihre beste Eigenschaft, die Genügsamkeit, und gehen zu selektiver Beweidung über.

lerdings nicht so gut. Ihre **Fruchtbarkeit** kann als überdurchschnittlich gelten. Äußere Faktoren, wie Hitze oder Nährstoffmangel, beeinträchtigen, vor allem bei den Lokalrassen der Tropen, die Vermehrungsrate kaum. Die meisten Ziegenrassen werden unabhängig von der Jahreszeit brünstig. Sie werfen zweimal pro Jahr, wobei jeder Wurf im Mittel 2,2 Lämmer bringt. Bei den schwereren europäischen Milchrassen fallen die Würfe größer aus (3–4 Lämmer). Dafür wird nur einmal pro Jahr abgelammt.

Über die **genetische Plastizität** kann man kaum mehr als Vermutungen anstellen. Zwar ist die Ziege das älteste Nutztier des Menschen, aber gleichzeitig auch das am wenigsten auf Nutzen gezüchtete. In den ärmeren Ländern des Tropengürtels ist die Mehrzweckziege das züchterische Ideal. Sie liefert Fleisch, Milch, Leder und Wolle. Eine Spezialrasse würde den vielfältigen Nutzungsbedürfnissen der kleinbäuerlichen Bevölkerung nicht entsprechen und könnte nur in den wenigsten Fällen ausreichend ernährt werden. Ausnahmen sind die **Kaschmir-** und die **Angora-Ziege**. Für die Wolle dieser Tiere werden auf dem Weltmarkt so hohe Preise erzielt, daß sie – obwohl Spezialrassen – in den Tropen und Subtropen gehalten werden können.

Von Leistungszüchtungen kann man – mit Einschränkung – bei den europäischen Milchrassen sprechen. Diese sind zwar auf Milchleistung gezüchtet, aber nicht mit der sonst bei Nutztieren üblichen Konsequenz. Der Aufwand stünde in keinem Verhältnis zum Nutzen. Die Ziegenbestände im Alpenraum sind so klein und liegen so weit auseinander, daß künstliche Besamung – eine wesentliche Voraussetzung für konsequente Leistungszüchtung – kaum lohnt. Die europäischen Milchziegen geben im Durchschnitt 1000 kg Milch pro Jahr. Der Rekord soll bei 2700 kg liegen. Ziegen werden – wie im Altertum die Kühe – auch heute noch von hinten gemolken. Ziegenmilch ist leichter verdaulich als Kuhmilch, da die emulgierten Fettkörperchen einen kleineren Durchmesser besitzen. Für Personen mit einer Kuhmilch-Allergie ist Ziegenmilch in den meisten Fällen verträglich.

Während in Mitteleuropa die Ziegenhaltung immer mehr den Charakter einer Liebhaberei annimmt, ist in den semiariden Zonen eher mit einer Bedeutungszunahme zu rechnen. Denn eine ständig wachsende Menschheit kann immer weniger darauf verzichten, die infolge menschlicher Unvernunft (Abholzen der Wälder) sich ausweitenden Halbwüsten für die Ernährung zu nutzen.

2.6 Das Huhn

»Ich wollt' ich wär' ein Huhn«, gackerte in den 30er Jahren fröhlich ein Schlager, »dann hätt' ich nichts zu tun«. . . Schon damals hatte der deutsche Mensch viel zu tun, und so reizte ihn die Vorstellung, zur Abwechselung einmal ein Huhn zu sein. . . .»ich legte jeden Tag ein Ei, und sonntags auch mal zwei«. Die Legebatterie war damals natürlich noch nicht erfunden. Heute wünscht sich niemand mehr, ein Huhn zu sein.

Angefangen hat die wechselvolle Beziehung zwischen Mensch und Huhn vor 5000 Jahren in Indien. Unklar ist noch, ob das Haushuhn sich ausschließlich aus dem noch heute an den südlichen Waldhängen des Himalaya lebenden **Bankiva-Huhn** entwickelte, oder ob noch andere Rassen eine Rolle spielten. Von Indien aus verbreitete sich die domestizierte Form nach Ost und West über die ganze Welt. In Persien wurde der Hahn als Verkünder des Tages und Symbol des Lichts zum heiligen Tier. Im alten Rom lasen die Auguren aus dem Freßverhalten des Tiers die Zukunft. Im germanischen Raum erlangte das Huhn erst nach Beginn der christlichen Zeitrechnung wirtschaftliche Bedeutung. Sie spiegelt sich in einer Vielzahl von Sprichwörtern, die Henne oder Ei zum Gegenstand haben.

Das Huhn gehört zu den Vögeln, genauer: zu den **Hühnervögeln**. Zusammen mit dem Pfau, dem Truthahn und dem Perlhuhn bildet das Haushuhn die Unterfamilie der echten Hühner. Die Vögel haben sich in grauer Vorzeit aus den Reptilien entwickelt. Parallelen finden sich noch heute in der Fortpflanzung (Eiablage) oder in der Ausgestaltung der Freßwerkzeuge (Vergleich: »Schnabel« der Eidechsen). Aus den Vorderbeinen der Reptilien haben sich die Flügel der Vögel entwickelt. Die nächsten noch lebenden Verwandten der Vögel sind die Krokodile.

Beim Geflügel lassen sich die **Rassenmerkmale** besonders auffällig herausarbeiten (Kammform, Körperform, Gefiederfarbe). Infolge der intensiven Liebhaber-Züchtung präsentieren sich die 150 **Hühnerrassen** in bunter Vielfalt. Man unterscheidet, nach dem äußeren Erscheinungsbild, sechs Gruppen: Kampfhühner (Malaien, etc.), Rassen im asiatischen Typ (Cochin, Plymouth Rocks, Sussex, Barnevelder, Rhodeländer, New Hampshire), Zwischentyprassen (Altsteirer, Oldenburger), Mittelmeerrassen (Italiener, Leghorn), Haubenhühner (Holländer Weißhauben, Appenzeller Spitzhauben) und nordeuropäische Rassen (Rheinländer, Brakel, Lakenfelder).

Für die Wirtschaftszüchtung ist die Rassenvielfalt lediglich als

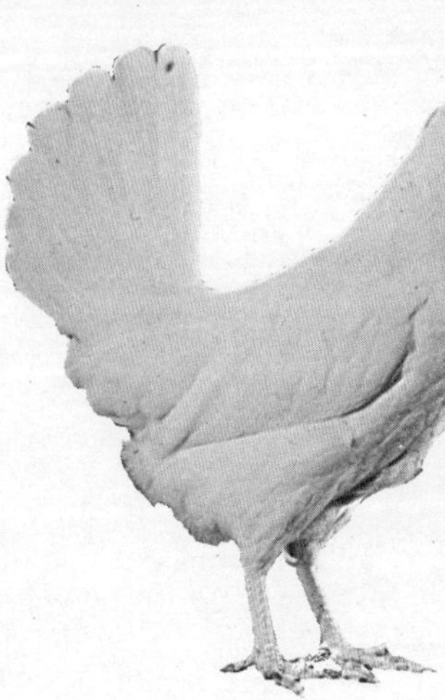

Legehybride

Gen-Reservoir interessant, auf das, zur Verbesserung einer bestimmten Eigenschaft, hin und wieder zurückgegriffen wird. So wurde z. B. die Brustbemuskelung des Mastgeflügels durch Einkreuzen malaiischer Kampfhähne verbessert.

Wirtschaftshühner sind keine reinen Rassen. Sie stammen aus Kreuzungen reiner Linien einer oder mehrerer Rassen. Züchtungsziel ist eine hohe Mast- bzw. Legeleistung. Da beide Eigenschaften negativ korreliert sind, war die Entwicklung eines Zweinutzungstyps nicht möglich. In der Hähnchenmast müssen deshalb andere Kreuzungen eingesetzt werden als in der Eierproduktion. Als **Legehybriden** werden überwiegend weiße Leghorns verwendet. Die braunschaligen Eier stammen meist von New Hampshire-Kreuzungen. Die **Masthybriden** gehen auf asiatische Rassen zurück: Sie sind meist Nachkommen weiblicher Elterntiere aus Sussex/New Hampshire-Kreuzungen, gepaart mit männlichen Elterntieren aus Cornish/White Rocks-Kreuzungen. Da sich der leistungssteigernde Heterosis-Effekt bei den Hybriden nur in der ersten Kreuzungs-Generation ergibt, können Wirtschaftshühner nicht aus dem Bestand vermehrt werden. Jede Generation muß deshalb durch Einkreuzen in spezialisierten Zuchtbetrieben neu »hergestellt« werden. Die (zum Teil durch künstliche Besamung)

Masthybride

befruchteten Eier werden in Brutschränken bei 37–38 °C und einer rel. Luftfeuchtigkeit von 55–80 % ausgebrütet. Die Hühner selbst haben kein Bedürfnis, sich um ihre Nachzucht zu kümmern. Man hat ihnen den Bruttrieb weggezüchtet. Er wäre in der Serienproduktion nur hinderlich gewesen.

Die Küken schlüpfen nach 21 Tagen. Bei Masthybriden interessiert – wegen der besseren Futterverwertung – nur der männliche Nachwuchs, bei Legehybriden nur der weibliche. Das Geschlecht wird nach der **»japanischen Methode«** ermittelt: Man drückt den Darminhalt des Kükens durch einen Spezialgriff heraus und stülpt die Kloake um. Die männlichen Tiere unterscheiden sich von den weiblichen durch einen rudimentären Penis, der als roter Fleck zu erkennen ist.

Für die **Hahnen-Küken** beginnt der Ernst ihres kurzen Lebens bereits einen Tag nach dem Schlüpfen. Sie werden in Pappkartons gesteckt und an die Mastbetriebe verschickt, wo man ihr Gewicht mit pelletiertem Futter (Preßfutter, damit sie mehr fressen s. 3.2), von 42 g in nur sechs Wochen auf 1500 g anhebt. Dann werden sie geschlachtet und ausgenommen und landen als Tiefkühlhähnchen in den Truhen der Supermärkte. Im Schnitt ißt jeder Bundesbürger neun Hähnchen pro Jahr. Es ist das billigste Fleisch, das er be-

In der Hühnerhaltung sind die ertragsmaximierenden Prinzipien der modernen ›Tierproduktion‹ nahezu uneingeschränkt verwirklicht.

kommen kann. Der Grund: Die Hähnchen verwerten das Futter konkurrenzlos günstig. Um ein Kilo zuzunehmen, brauchen sie nur 1800 g Futter.

Weniger kurz, aber auch weniger schmerzlos, ist das Leben der **Legehühner**. Bevor sie zum Eierlegen in die berüchtigten Käfige kommen, (tiergemäßere Haltungssysteme, etwa »Stall-Bodenhaltung«, sind die Ausnahme), haben sie 140 Tage Galgenfrist – bis zur Erlangung der Geschlechtsreife. Sie verbringen diese Zeit – wie die Masthähnchen – ebenerdig, in großen Hallen. In den ersten Wochen ersetzen den Küken gasbeheizte Kunstglucken die Wärme des Muttertiers.

Bei keinem Tier ist die Intensivierung der Tiernutzung so skrupellos vorangetrieben worden wie beim Huhn. Die Legehühner werden zu viert oder zu sechst in Drahtkäfige gesperrt. Jedem Huhn bleibt eine Standfläche etwa von der Größe einer Schreibmaschinenseite. Die Käfige sind übereinander und nebeneinander zu **Batterien** zusammengestellt. Durch die raumsparende Unterbringung sind 30 000–50 000 Tiere in den barackenähnlichen Langställen keine Seltenheit. Die fensterlosen Räume sind vollklimatisiert. Durch künstliche Lichtprogramme wird die Legeleistung erhöht. Das Futter wird durch Bänder aus höhergelegenen Silos abgezogen und den Hühnern automatisch vor die Schnäbel gefördert. Die Eier fallen hinten in eine Rinne und rollen von dort über ein Drahtnetz nach vorne unter das Futterband, wo sie leicht entnommen werden können. Das Personal betritt den Stall nur noch zum Einsammeln der Eier. Die Exkremente fallen über Schrägbleche in eine Sammelgrube oder werden, ebenfalls durch Bänder, abgezogen. Geflügelkot hat einen scharfen Geruch und ätzt stark. Er ist deshalb unbehandelt kaum zu verwenden. Dagegen kann er mit Stroh vermischt, siliert und getrocknet dem Futter zugeschlagen werden.

Das Käfigdasein der Legehühner ist in der Regel nach einem knappen Jahr beendet. Die Tiere werden vor der ersten Mauser (Unterbrechung der Legetätigkeit für 1–2 Monate) »aus der Produktion genommen«, d. h. geschlachtet. Das Fleisch ist nicht mehr verkäuflich. Es wird zur Suppenherstellung verwendet. Die Federn, die sich wegen ihrer Härte nicht als Füllmaterial für Betten eignen, werden gemahlen, hydrolysiert und als Futtermittel verkauft.

Im Durchschnitt legt ein Huhn während seines einjährigen Lebens 260 Eier. Damit scheint bei dem kleinen Tier eine biologische Grenze erreicht zu sein. Jedenfalls ist es in den letzten Jahren, selbst durch Hormongaben, nicht mehr gelungen, die Eireifung im Uterus weiter zu beschleunigen und so die Legeleistung zu erhöhen.

Beim Huhn erreicht nur der linke Eierstock Funktionsreife. Hier befinden sich mehrere hundert bis mehrere tausend Eifollikel unterschiedlichster Größe – von der mikroskopisch kleinen Eizelle bis zum vollreifen Dotter. Ein Huhn könnte also mehrere Jahre lang Eier legen. Nach dem Eisprung wandert der Dotter durch einen Trichter in das sogenannte **»Magnum«**, wo er innerhalb von drei Stunden seine Eiweißhülle erhält. Vom Magnum wird das Ei durch peristaltische Bewegungen in den **»Isthmus«** befördert. Dort wird die innere und äußere Schalenhaut angelagert. Die Bildung der Kalkschale findet im **Uterus** statt. Ist nicht genügend Kalk im Futter, schießt das Huhn Kalk aus den Knochen zu. Insgesamt vergehen zwischen Eisprung und Eiablage 30 Stunden. Kurz vor dem Legen wird das Ei im Uterus gedreht, so daß es mit dem stumpfen Ende zuerst austritt.

Das **Ei** besteht aus der Schale, den Schalenhäuten, dem Eiklar

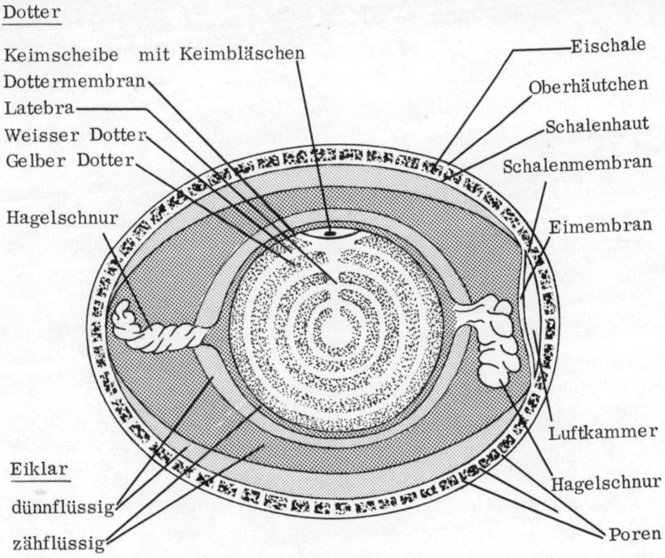

Legeleistung

Längsschnitt durch ein Hühnerei

und dem Dotter. Die Schale ist von mehreren tausend Poren durchsetzt, damit der Embryo atmen kann. Deshalb müssen die Brutschränke nicht nur beheizt, sondern auch belüftet werden. Unbefruchtete Eier, die für den Verzehr bestimmt sind, werden zur Verbesserung der Haltbarkeit manchmal mit einer Wachsschicht überzogen. 12 Tage dauert es im Schnitt, bis ein frisch gelegtes Ei beim Verbraucher ankommt. Es darf dann immer noch als »frisch« bezeichnet werden. Die Größe der Luftkammer ist kein sicheres Kriterium zur Altersbestimmung. Sie kann durch die Lagerungsbedingungen (Luftfeuchtigkeit, Gaszusammensetzung) verändert werden. Als zuverlässiger gilt die Höhe des Eiklars beim Aufschlagen: Bei frischen Eiern bleibt das Eiklar hoch stehen; bei alten Eiern breitet es sich flach aus.

Für jeden Bundesbürger müssen im Jahr zehn Hühner ihr Leben lassen: Er verzehrt im Schnitt 290 Eier – etwa die Lebensleistung

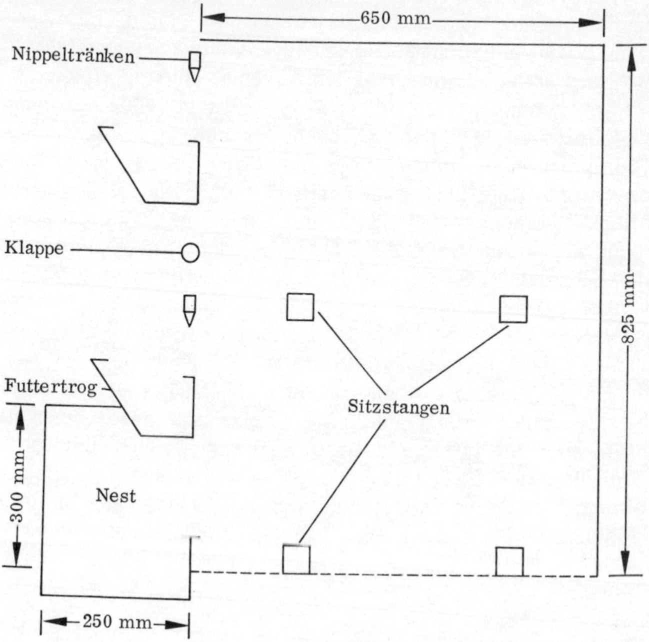

Der Ausweichkäfig ermöglicht eine artgerechte Hühnerhaltung zu vertretbaren Kosten.

einer Henne – und verspeist neun Brathähnchen. 600 Millionen Hühner – das ist zweifellos mehr, als sich mit einer individuellen Tierhaltung erzeugen läßt. Über die Bereitschaft der Verbraucher, durch weniger Konsum und höhere Preise zu einer menschlicheren Hühnerhaltung beizutragen, weiß man, daß sie sehr ausgeprägt nicht sein kann. Denn der Verbrauch steigt unaufhaltsam, obwohl den meisten bekannt ist, was sich hinter den Mauern der Hühnerbaracken abspielt.

Wie sehr die heute üblichen Haltungssysteme in das Leben der Hühner eingreifen, wird bei einer Betrachtung ihrer **natürlichen Verhaltensweisen** deutlich. Das Huhn ist ein Herdentier. Seine soziale Stellung innerhalb der Herde (Hackordnung) gibt ihm Sicherheit und Orientierung. Das Leittier der Herde ist der Hahn. Fehlt er, gerät die hierarchische Ordnung durcheinander. Ein ständiges Hickhack der Hennen ist die Folge. Wird nun, wie in der Käfighaltung, die Aggressivität durch eine starke räumliche Einengung gesteigert (vergrößerte Nebennieren bei Käfighennen) und wird den unteren Chargen der Hackordnung die Möglichkeit zum Ausweichen genommen, dann sind blutige Auseinandersetzungen unvermeidlich. Die Hennen picken hemmungslos in die Kämme oder in den After, reißen sich gegenseitig die Federn aus und machen, wenn Blut fließt, manchmal erst halt, wenn das Opfer zur Strecke gebracht ist. Um den Tieren den haltungsbedingten Kannibalismus abzugewöhnen, verkürzt man die Oberschnäbel, setzt ihnen Scheuklappen auf und gibt Beruhigungsmittel, statt die Ursache des Fehlverhaltens anzugehen.

Erst seit sich die Empörung einer Minderheit in Musterprozessen Luft macht und sogar ein Verbot der Käfighaltung droht, werden andere Haltungssysteme erprobt: der vielgelobte Ausweichkäfig z. B., in dem die Hühner in drei Etagen auf Stangen sitzen, im Sand baden und ihre Eier in Nester legen können. Den Hühnerhaltern, die unter dieser Entwicklung nun sehr leiden (ihre kleinen Käfige sind goldene Käfige), mag eines zum Trost gereichen: Ihren Hühnern ist das Lachen schon viel früher vergangen.

2.7 Andere Nutztiere

Wenn wir uns ein vollständiges Bild machen wollen vom Nutzen, den das Tier für den Menschen hat, dürfen wir uns nicht auf die »klassischen« Nutztiere beschränken. Sie entsprechen lediglich der herkömmlichen Vorstellung vom Nutztier: Sie sind voll domestiziert, weltweit verbreitet und seit vielen tausend Jahren im Dienste des Menschen. Doch macht noch keines der genannten Kriterien ein Tier zum Nutztier. Was einzig zählt, ist der Nutzen – auch wenn nicht jedes nützliche Tier ein Nutztier ist. Entfaltet es seine Nützlichkeit ohne menschliches Zutun – etwa, indem es durch seine Existenz das ökologische Gleichgewicht stabilistiert – sprechen wir von einem **»Nützling«**. Setzt der Mensch jedoch ein Tier aktiv zu seinem Nutzen ein, ist es ein **Nutztier**. Ein Haustier braucht es dabei nicht zu sein.

Betrachten wir zum Beispiel die **Biene**. Ihr Honignutzen ist groß und ihr Bestäubungsnutzen ist noch zehmal größer. Aber als Haustier begreifen wir sie nicht.

Auf der anderen Seite gibt es Haustiere, die dem Menschen so nahe stehen, daß er sie, trotz ihres offensichtlichen Nutzens, nur ungern zu den Nutztieren rechnet. Ein Beispiel hierfür ist der

Hund. Seine Dienstleistungen als Jagd-, Wach-, Schäfer- oder Blindenhund und vor allem als »guter Freund« des Menschen übertreffen die des Pferds – heute ebenfalls nur noch auf dem Dienstleistungssektor tätig – bei weitem. Daß wir den Hund dennoch nur widerstrebend zu den Nutztieren zählen, hat einen einfachen Grund: Unser schlechtes Gewissen. Wir fühlen uns nicht wohl bei dem, was Nutztieren angetan wird, damit wir in Wohlstand leben können. Wir fühlen uns nicht gut, wenn wir erfahren, daß Millionen Ratten und Mäuse, Affen und Meerschweinchen als Versuchstiere leiden und ihr Leben lassen müssen – zum Wohle der Menschheit.

Je stärker der Mensch für mehr und immer mehr Wohlstand sein Leben und seinen Lebensraum verändert, um so stärker ist er gezwungen, auch das Leben seiner Nutztiere zu verändern. Krankmachende Lebensbedingungen machen die Entwicklung ständig neuer Medikamente erforderlich, die an einer immer größeren Zahl von **Labortieren** getestet werden müssen. Ausgeräuberte Meere und verdreckte Flüsse machen es erforderlich, daß immer mehr Fische in **»Aquakulturen«** produziert werden müssen – Warmwassersilos mit Belebtschlammklärung – in denen die Tiere, zum Teil mit Feldfrüchten gefüttert, auf engstem Raum in kürzester Zeit ihrer Bestimmung entgegenwachsen. Bei einer Reihe von wildlebenden Tieren hat die hemmungslose menschliche Bedürfnisbefriedigung zu einer Art »Schutzhaft« geführt. Sie werden wie landwirtschaftliche Nutztiere »produziert« – und damit vor der Ausrottung bewahrt. So hält man z. B. in Nordamerika den **Bison** zur Fleischproduktion. In Mittelamerika sind große **Krokodilfarmen** (Leder) entstanden, und in Europa werden so unterschiedliche

Bisons als Steaklieferanten auf einer amerikanischen Farm im Mittelwesten

Damwild-Mast. Anfänge einer Domestikation?

Tiere wie **Schnecken, Nerze** und **Damwild** nach den Gesetzen der landwirtschaftlichen Tierproduktion »erzeugt«. Das Ganze hat auch einen wissenschaftlichen Nutzen: Da es sich möglicherweise um die Anfänge einer Domestikation handelt, werden bei einigen Tieren alle Veränderungen im Hausstand (Verhalten, Körperbau, innere Funktionen) genau aufgezeichnet. Man hofft, daraus Rückschlüsse auf die Haustierwerdung der älteren Nutztiere ziehen zu können.

Angesichts von soviel Nützlichkeit ist es wohltuend, einmal von etwas nicht ganz so Nützlichem berichten zu können: von der **Kleintierhaltung**. Bei Enten, Gänsen, Tauben, Kaninchen und vielen anderen Kleintieren bewegt sich das Haltungsmotiv oft irgendwo zwischen Liebhaberei und materiellem Nutzen. Eine Nutzungsvariante bei **Brieftauben** sei wegen ihrer Originalität kurz erwähnt: In Plymouth/England werden die Tiere von einem Krankenhaus eingesetzt, Blutproben in ein fünf Kilometer entferntes Labor zu transportieren. Die Sache läuft schon seit einem Jahr, und bisher ist noch keine Probe verlorengegangen. Da der Mensch bei Kleintieren – bis auf wenige Ausnahmen – auf eine intensive Nutzung verzichtet, hat dieser Bereich der Nutztierhaltung etwas ungemein Menschliches.

In vielen Ländern der Dritten Welt sind Arbeitstiere für die Feldbestellung oder zum Transport von Lasten auch heute noch

In sog. ›Aquakulturen‹ werden drei Raumteile Wasser je Raumteil Fisch (hier: Karpfen) für ausreichend gehalten.

unentbehrlich. Meist hat jede Region ein spezifisches Arbeitstier, das den lokalen Bedingungen optimal angepaßt ist. Die größte Verbreitung besitzt zweifellos der **Esel**. Er ist als Haustier älter als das Pferd (dieses taucht in der Literatur erstmals als »Esel der Gebirge« oder als »fremdländischer Esel mit wehendem Schweif« auf). Als Arbeitstier hat der Esel das Pferd wegen seiner Zähigkeit in vielen Gegenden der Welt (Mittelmeerraum, Vorderer Orient, Südamerika) überdauert. Das **Kamel** ist bei den Wüstenbewoh-

Auf einer Nerzfarm

Arbeitselefant in Ceylon

nern wegen seiner Fähigkeit, Nahrung für 40 Tage zu speichern, immer noch das bevorzugte Verkehrsmittel. In Indien und Ceylon gibt es für den **Elefanten** wegen seiner gewaltigen Arbeitskraft keine maschinelle Alternative, und in den Anden wäre ohne die höhenangepaßten **Lamas** kein menschliches Leben möglich.

Zum Schluß soll von Nutztieren die Rede sein, die gar keine Tiere sind: von **Bakterien, Hefen** und **Schimmelpilzen**. Ihr Nutzen ist so vielfältig wie zukunftsträchtig. Sie verwandeln Zucker in Alkohol (Wein, Bier), lassen Käse reifen und Brotteig gären, produzieren Säuren, Vitamine, Enzyme und Antibiotika, erzeugen aus Stroh und Erdöl-Nebenprodukten Futter-Eiweiß, mineralisieren in den Wurzeln von Leguminosen Luftstickstoff zur Ernährung der Pflanze, reinigen verschmutztes Wasser, kompostieren Müll, setzen aus organischen Abfällen Methan (Biogas) frei oder schließen Mineralien zur Erzgewinnung (Kupfer) auf. Anfang der siebziger Jahre gelang es, Teile der Erbinformation von Fliegen, Fröschen und Mäusen auf Bakterien zu übertragen. Eine erste Nutzanwendung dieser neuen **»Gen-Chirurgie«** bestand darin, daß man Bakterien durch Einpflanzung menschlicher DNS-Segmente zur Insulin-Produktion anregte. Seitdem sind die Gen-Chirurgen überzeugt, daß sich die Mikro-Organismen für alle möglichen – nützlichen, wie schädlichen – Aufgaben programmieren lassen. Es ist deshalb nicht unwahrscheinlich, daß die kleinsten »Nutztiere« eines Tages die größten sein werden.

3. Maßnahmen zur Steigerung des tierischen Nutzens

Die praktische Anwendung der im Jahre 1900 wiederentdeckten MENDELschen Gesetze führte – infolge zweier Weltkriege und einer Weltwirtschaftskrise mit einiger Verspätung – zu einer wahren Leistungsexplosion der landwirtschaftlichen Nutztiere. Die Milchleistung der Kühe stieg seit Beginn der fünfziger Jahre nahezu auf das Doppelte; im gleichen Zeitraum erhöhte sich die Legeleistung der Hühner um 150 Eier pro Jahr, und die Schweine steigerten ihre Kotelett-Produktion um vier Rippen. Die wundersame Mehrung des tierischen Nutzens ist allerdings nicht nur dem züchterischen Fortschritt zu verdanken. Denn genutzt werden konnte das durch Anwendung moderner Populationsgenetik gesteigerte Leistungsvermögen der neuen Züchtungsprodukte erst durch eine stark intensivierte Fütterung und eine massive Veränderung der bis dahin üblichen Haltungsbedingungen. Die folgenden drei Kapitel sollen darlegen, wie und in welchem Umfang Züchtung, Fütterung und Haltung zum heutigen Leistungsstand der landwirtschaftlichen Nutztiere beitragen.

3.1 Züchtung

Das Bemühen des Menschen, die Tiere des Hauses durch Züchtung zu verbessern, ist so alt wie die Haustierhaltung selbst. Am Grundprinzip der Züchtung hat sich seither nichts geändert: Züchten heißt: **Auslese** betreiben. In der Nutztierzüchtung werden die wirtschaftlich günstigen Tiere bevorzugt zur Paarung gebracht, so daß ihr Anteil am Bestand zunimmt. Wird dieses Prinzip immer weiter verfolgt, erhöht sich der Leistungsstandard der Herde ständig. Befindet er sich – wie in den wohlhabenden Industrieländern – auf einem sehr hohen Niveau, so ist bereits zur Aufrechterhaltung der Herdenleistung züchterische Arbeit erforderlich: Würde ein moderner Landwirt die Paarung seiner Hochleistungstiere dem Zufall überlassen, käme es nicht nur zu einem Leistungsstillstand, sondern sogar zu einem Absinken der Produktion. Der Grund: Bei den heute üblichen Hochleistungsrassen sind die leistungsfähigsten, also die am höchsten gezüchteten Tiere in der Regel weniger fruchtbar (eine Folge der extremen Zuchtwahl). Würde man sie nicht bevorzugt zur Paarung bringen, wäre eine relativ stärkere Vermehrung der geringerwertigen Tiere und damit ein Absinken der Herdenleistung unausbleiblich.

Das Wort »Zucht« hat sich aus dem Altdeutschen »tucht« entwickelt. Es ist verwandt mit dem Begriff »tüchtig« – also »zur Zucht geeignet«. Was unzählige Generationen, bis in die neueste Zeit, unter Züchtung verstanden, erscheint den modernen Tierzüchtern eher wie ein planloses Herumexperimentieren. Mit dem »Züchterblick« ist das nämlich so eine Sache. Daß es ihn gibt, steht außer Zweifel. Wie wäre sonst der züchterische Fortschritt vor der Zeit MENDELS möglich gewesen? Aber den lange vermuteten Zusammenhang zwischen dem äußeren Erscheinungsbild eines Tiers (Phänotyp) und seiner Nutzleistung oder gar der Fähigkeit, diese weiter zu vererben, den gibt es so gut wie nicht. Nur weiß man das erst seit einigen Jahrzehnten.

Im Mittelalter galt die Regel, daß man vom äußeren Erscheinungsbild auf die »inneren Dinge der Tiere« schließen könne. Noch zu Beginn dieses Jahrhunderts war man überzeugt, erworbene Eigenschaften würden an die nächste Generation weitergereicht (**Lamarcksche Evolutionstheorie**). Die Tierzüchter glaubten damals, daß ein durch Fütterung oder »häufigen Gebrauch« gut ausgebildetes Organ oder Körperteil auf die Nachkommen zu übertragen sei. So erklärt sich der vergebliche Versuch, den züchterischen Fortschritt durch Erhöhung des »Umweltdrucks« (Fütterung, Haltung, Nutzung) zu beschleunigen.

Noch im vorigen Jahrhundert erfolgte die Zuchtwahl ausschließlich nach dem äußeren Erscheinungsbild (lediglich beim Pferd wurden die Rennergebnisse als Leistungskriterium mit herangezogen). Für jede Rasse stellte man einen Standardtyp auf. Je näher ein Tier diesem Ideal kam, um so höher wurde sein Zuchtwert veranschlagt. Von der arabischen Pferdezucht wird angenommen, daß sie es unter anderem deshalb zu einer solchen Blüte brachte, weil sie schon vor 1500 Jahren mit Herkunfts- und Deckverzeichnissen arbeitete. Die anderen Nutztierarten wurden erst ab Mitte des 19. Jahrhunderts – zunächst in England, später auch auf dem europäischen Festland – in sogenannten **»Herdbüchern«** erfaßt. Diese enthielten (und enthalten noch heute) die wichtigsten Angaben über die besten Vererber einer jeden Rasse: Herkunft, Form, Alter, Größe, Gewicht, Leistungen der Vorfahren, Eigenleistung, Leistungen der Nachkommen. Die Herdbuch-Organisation ist sozusagen das Standesamt für Nutztiere. In der Bundesrepublik werden die Daten der Herdbuchtiere inzwischen zum größten Teil elektronisch gespeichert. Sie können problemlos zwischen den

Herdbuchverbänden, den Leistungskontrollorganisationen (regelmäßige Leistungsprüfungen sind für Herdbuchtiere Pflicht) und den Besamungsgenossenschaften ausgetauscht werden. Die Herdbucheintragungen sind die Informationsgrundlage der Zuchtwahl. Die Entscheidung, welche Tiere zur Weiterzucht gepaart werden, trifft in einer zunehmenden Zahl von Fällen der Computer.

Als wesentlichste Voraussetzung für eine verbesserte Versorgung der Bevölkerung mit hochwertigen Nahrungsmitteln wird die **Züchtungsforschung** in den meisten Ländern – so auch in der Bundesrepublik Deutschland – von staatlichen Organisationen betrieben. Darüber hinaus regeln verschiedene Gesetzte die praktische Züchtungsarbeit. So darf z. B. ein Hengst oder Bulle, ein Schafbock, Eber oder Ziegenbock nur dann zum Decken verwendet werden, wenn dieser durch eine staatliche Kommission »gekört« wurde. Die Körerlaubnis wird nur erteilt, wenn das Tier – wie es im **Tierzuchtgesetz** heißt – »geeignet ist, die Landestierzucht zu verbessern«. Bauern, die ihre Tiere »schwarz« decken lassen, müssen – wenn sie erwischt werden – mit einer Geldstrafe bis zu 10 000 DM rechnen.

Für die **Zuchtplanung** sind in der Bundsrepublik die Herdbuchverbände und die größeren Besamungsstationen zuständig. Oberstes Ziel der züchterischen Forschungs- und Planungstätigkeit ist die Verbesserung der Wirtschaftlichkeit in der Tierhaltung. Im Idealfall besteht der züchterische Fortschritt darin, daß die Tiere mit immer geringerem Aufwand (an Futter und Arbeit) immer höhere Leistungen erzielen. Dabei wird zwischen **direkten Leistungen** (Milch, Fleisch, Eier, Produktqualität) und **indirekten Leistungen** (Fruchtbarkeit, Krankheitsresistenz, Haltungsansprüche, Nutzungsdauer) unterschieden. Die Förderung der indirekten Leistungen wurde von den Tierzüchtern lange Zeit vernachlässigt, da diese nicht so offenkundig zum Gesamtnutzen beitragen. Nun läßt sich aber leicht vorstellen, was eine Hochleistungskuh noch wert ist, wenn sie kein Kalb mehr bekommen kann, häufig krank ist oder mit der Melkmaschine nicht zurechtkommt. Natürlich konnten sich das auch die Tierzüchter vorstellen; aber daß viele dieser indirekten Leistungen leiden würden, je mehr man die direkten Leistungen in die Höhe trieb – diese Erfahrungen mußten sie erst machen. Je mehr Milch man den Kühen entlockte, um so häufiger wurden sie unfruchtbar; je schneller man die Schweine wachsen ließ, um so öfter erlagen sie dem Streß; je mehr Eier man aus den Hühnern herausmendelte, um so früher waren sie mit ihrer Legetätigkeit am Ende. Die einseitig am menschlichen Nutzen orientierte Auslese schwächte auf die Dauer die Lebenskraft der Tiere.

Man kann die heute in den Industrieländern üblichen Hochleistungsrassen mit einem »hochgezüchteten« Sportwagen vergleichen: Solange er läuft, ist er Spitze; aber die Gefahr, daß er auf der Strecke stehenbleibt, ist größer als bei einem normalen Auto; und dann läuft er eben überhaupt nicht mehr.

Den ertragsmindernden Folgen der Ertragsmaximierung wird in der modernen Landwirtschaft überwiegend mit Medikamenten begegnet: Kühe macht man mit Hormonen wieder fruchtbar, Schweinen gibt man Beruhigungsmittel, damit die Fleischqualität nicht leidet. Erst neuerdings bemüht man sich auch um eine züchterische Lösung der Probleme: Kühe werden auf Fruchtbarkeit selektiert, Schweine auf verminderte Streßanfälligkeit, Hühner auf erhöhte Krankheitsresistenz.

Als **Zuchtziel** wird ein Tier angestrebt, das den vorhandenen Bestand in möglichst vielen wirtschaftlich wichtigen Eigenschaften übertrifft. Da ein Individuum diesem Anspruch niemals uneingeschränkt genügen kann, stellt die Zuchtwahl immer einen Kompromiß dar. Das Zuchtziel wird deshalb nie ganz erreicht. Es gleicht der Rübe, die der Reiter dem Esel vor die Nase hält, um ihn zu einer schnelleren Gangart zu bewegen. So schnell der Esel auch läuft: sein Ziel erreicht er nie.

Der **Zuchtwert** eines Individuums bemißt sich nach dem Grad der positiven Abweichung (einer oder mehrerer Eigenschaften) vom Durchschnitt der Herde, Population oder Rasse und nach der Fähigkeit, diese Abweichung weiterzuvererben. Eine Vielzahl der heute wirtschaftlich genutzten Abweichungen ist wahrscheinlich durch spontane Gen-Mutationen entstanden. Mit Sicherheit gilt dies für einige sichtbare Veränderungen, die durch Zuchtverstärkung wirtschaftliche Bedeutung erlangt haben: den Angorismus (Langhaarigkeit) bei Ziegen und Kaninchen, die Dackelbeinigkeit beim Ancon-Schaf (das Tier kann nicht über Weidezäune springen), die Mutationsfarben beim Nerz oder das um vier Rippen verlängerte Skelett beim Schwein (im Volksmund »Torpedo«-Schwein genannt). Wahrscheinlich geht aber auch der größte Teil der weniger ins Auge fallenden Unterschiede zwischen Individuen (z. B. in der Milchleistung oder Legeleistung) auf kleine Mutationssprünge zurück. Züchtung wäre demnach eine Aneinanderreihung günstiger Kleinmutationen. Gezielt auslösen lassen sich solche Mutationen bisher nicht. Die Züchtungsforschung beschränkt sich deshalb darauf, mit Hilfe von ionisierenden Strahlen oder Chemikalien die Mutationsrate zu erhöhen und auf einen glücklichen Zufall zu hoffen.

In der **Tierzüchtung** gelten die gleichen Gesetzmäßigkeiten wie in der **Pflanzenzüchtung**. Allerdings ist die praktische Anwendung der Vererbungsgesetze in der Tierzüchtung schwieriger als in der Pflanzenzüchtung. Dafür gibt es verschiedene Gründe:

- Bei den Nutztieren werden die Leistungsmerkmale von einer größeren Zahl von Genen bestimmt als bei Nutzpflanzen. Jedes Gen leistet bei der Ausgestaltung eines Merkmals nur einen kleineren Teilbeitrag. Die Summierung der Teilbeiträge wird als additive Gen-Wirkung bezeichnet.
- Die Abweichungen des Anlagenbilds (Genotyp) vom äußeren Erscheinungsbild (Phänotyp) sind größer und unregelmäßiger, da sich die Umweltbedingungen der Zuchttiere (Fütterung, Haltung, Pflege, Rangordnung innerhalb der Herde) nicht so gut standardisieren lassen wie bei Gewächshaus-Pflanzen. Die Aussagekraft des äußeren Erscheinungsbilds für den Zuchtwert ist deshalb bei Tieren geringer.
- Tiere vermehren sich ausschließlich getrenntgeschlechtlich. Selbstbefruchtung, die extremste Form der Inzucht, ist deshalb in der Tierzüchtung nicht möglich.
- Bei den größeren Haustieren ist das Generationsintervall größer und die Zahl der Nachkommen geringer als bei saisonunabhängig im Gewächshaus aufgezogenen Pflanzen. Außerdem können Tiere, anders als Pflanzen, nicht aus Zellkulturen durch Klonung vermehrt werden.
- Die Tierzüchtung verursacht höhere Kosten (nicht zuletzt wegen des teuereren Zuchtmaterials). Die exeperimentielle Züchtung ist deshalb nicht in gleichem Umfang durchführbar wie bei den Pflanzen.

Der **Zuchterfolg** hängt wesentlich von der Genauigkeit ab, mit der es gelingt, die besten Vererber zu ermitteln. Die Nutzleistung eines Tiers ist kein Spiegelbild seiner Anlagen. Gute Fütterungs- und Haltungsbedingungen täuschen einen zu hohen Zuchtwert vor, bei schlechten Bedingungen ist es umgekehrt. Eine endgültige Aussage über den Zuchtwert eines Tiers ist erst an Hand der Nachkommen möglich. Die Eigenleistung des Zuchttiers läßt dagegen nur eine Schätzung zu. Dies umso mehr, als die verschiedenen Leistungsmerkmale nicht mit gleicher Intensität vererbt werden. Mengenleistungen (Milch- oder Mastleistung) sind im Allgemeinen weniger erblich als Qualitätsleistungen (Fett- u. Eiweißgehalt der Milch; Fett/Fleisch-Verhältnis des Schlachtkörpers). Am wenigsten werden die Anlagen für Fruchtbarkeit und Krankheitsresistenz an die nächste Generation weitergegeben. Dagegen ist die Erblichkeit ausgerechnet bei jenen Rassenmerkmalen hoch, die für die Nutzleistung keine Bedeutung besitzen (z. B. Fleckung).

Heritabilität	niedrig (bis 0,2)	Zahl der geborenen und aufgezogenen Ferkel Vier-Wochen-Wurfgewichte der Ferkel Mehrlingsgeburten beim Schaf
Heritabilität	mittel (0,2 bis 0,4)	Jährliche Milchmenge und Fettmenge der Kuh Tageszunahmen in der Rinder- und Schweinemast Futterverwertung der Schweine
Heritabilität	hoch (über 0,4)	Fettgehalt und Eiweißgehalt der Milch Geburtsgewicht des Kalbes Körperlänge beim Schwein Rückenspeckdicke und Lendenmuskelfläche Eigewicht

Die Erblichkeit eines Merkmals wird als **»Heritabilität«** bezeichnet. Der Heritabilitätskoeffizient (h^2) ist ein Schätzwert. Er liegt zwischen 0 (nicht erblich) und 1 (voll erblich). Der Wert beruht auf Leistungsvergleichen verwandter Tiere in verschiedenen Generationen. Er ist nur innerhalb der Population gültig, für die er ermittelt wurde. Multipliziert man die alters- und umweltkorrigierte Leistungsdifferenz eines Tiers zum Populationsdurchschnitt mit dem Heritabilitätskoeffizienten, so erhält man den geschätzten Zuchtwert.

Die Grundlage der Zuchtwertschätzung ist also die **Leistungsprüfung**. Geprüft werden, unter Praxisbedingungen, alle wirtschaftlich wichtigen Leistungen einer Tierart – bei einer möglichst großen Zahl von Tieren. Am weitesten verbreitet ist die Milchleistungsprüfung. Ihr unterliegt fast die Hälfte aller Kühe in der Bundesrepublik. Daß die Prüfer der Landeskontrollverbände meist unangemeldet auf dem Hof erscheinen, nützt häufig nur wenig: Die Bauern riechen sie schon von weitem und treiben die Kühe einige Tage vor dem erwarteten Kontrolltermin (etwa einmal im Monat) auf eine bessere Weide. Denn jeder möchte im Dorf der erste sein. Einen Preis bekommen die Bauern dafür allerdings nicht. Im Gegenteil: Sie müssen für die Prüfung sogar noch bezahlen. Dafür erhalten sie einen Leistungsbericht, aus dem hervorgeht, wo es im Betrieb noch fehlt. Der züchterische Vorteil der Milchleistungsprüfung kommt allen Rinderhaltern zugute.

Da es sich bei den geprüften Kühen durchweg um Nachkommen eines Herdbuch-Bullen handelt, läßt sich aus ihren Leistungen der tatsächliche Zuchtwert des Bullen ermitteln. Fällt das Ergebnis zur

Zufriedenheit der Zücher aus, erhält der Bulle grünes Licht. Sein Erbgut kann dann, durch künstliche Besamung, auf viele tausend Kühe übertragen werden. Früher, als es noch keine künstliche Besamung gab, mußten sich die Bauern ihre Zuchttiere auf der Viehauktion ersteigern. Einige der traditionsreichen Viehmärkte sind als gesellschaftliches Ereignis erhalten geblieben. Die meisten jedoch wurden ein Opfer des züchterischen Fortschritts.

Welche **Zuchtmethode** angewandt wird, um die Leistung einer Herde zu verbessern, darüber entscheidet in erster Linie die Größe des Heritabilitätskoeffizienten. Je kleiner er für das betreffende Merkmal ist, umso schärfer muß selektiert werden, wenn das gewünschte Zuchtziel erreicht werden soll. Die schärfste Selektionsmethode ist die **Inzucht**. Man versteht darunter die Kreuzung von Tieren, die mehr oder weniger eng verwandt sind. Von der Möglichkeit, Tiere durch Inzucht in kurzer Zeit stark zu verbessern, wußte man schon im Altertum. Bei Aristoteles (4. Jhdt. v. C.) heißt es hierzu: »Die Herde der Hengste kann wesentlich vervollkommnet werden, wenn der Hengst mit seiner Mutter oder Tochter gepaart wird«.

Durch Inzucht werden mehrere Allelenpaare reinerbig (homozygot). Es kommt zu einer Konzentration sowohl erwünschter, wie unerwünschter Anlagen. Die Nachkommen aus Inzuchtpaarungen (Bastarde) besitzen in der Regel eine geringere Leistungsfähigkeit als heterozygote Individuen (Inzuchtdepression). Doch können durch Kreuzung zweier Inzuchtlinien die Nachteile der Inzuchtdepression u. U. mehr als ausgeglichen werden. Übertreffen die **Kreuzungshybriden** (F_1) beide Elternteile an Leistung, spricht man von einem sog. **»Heterosis-Effekt«**. In der landwirtschaftlichen Tierzüchtung bedient man sich dieses Effekts beim Huhn und beim Schwein. Bei diesen Arten sind deshalb die extremsten Züchtungsprodukte anzutreffen. Bei den anderen Nutztierarten lohnt sich, wegen der geringeren Nachkommenschaft, die **Hybridzüchtung** nicht. Denn die Gebrauchstiere müssen immer wieder neu aus den Inzuchtlinien »hergestellt« werden. Eine Vermehrung der Hybriden ist nicht lohnend, da sich ihre vorteilhaften Eigenschaften in der Folgegeneration wieder aufspalten. Durch die extreme Inzucht wird das genetische Potential der Tiere restlos ausgenutzt. Bei längerer Inzucht ist ein Leistungsstillstand deshalb unvermeidlich. Pferde, Rinder, Schafe und Ziegen werden, wenn überhaupt, nur kurzzeitig und in milder Form der Verwandtschaftszucht unterzogen. Bei diesen Arten werden Leistungsverbesserungen überwiegend durch **Fremdzucht** erzielt.

Die männlichen und weiblichen Zuchttiere können dabei ein

Hybridschwein

und derselben Rasse angehören (Reinzucht) oder verschiedenen Rassen (Kreuzungszucht). Kreuzungszucht führt in der Regel schneller zum Ziel als Reinzucht.

Soll eine Rasse veredelt oder gar eine neue Rasse geschaffen werden, ist in jedem Fall Genmaterial von anderen Rassen erforderlich (Veränderungskreuzung). Je nach Intensität der Bluteinmischung spricht man von Veredelungs-, Kombinations- oder Verdrängungskreuzung.

Je nach Verwendungszweck der Züchtungsprodukte unterscheidet man in der landwirtschaftlichen Praxis zwischen **Gebrauchstieren** und **Zuchttieren**. Erstere entfalten ihren Nutzen in der Produktion, letztere in der Reproduktion. Natürlich wird bereits bei der Zuchtwahl der spätere Verwendungszweck berücksichtigt.

Alle landwirtschaftlichen Nutztiere sind polygam. Sie paaren sich mit verschiedenen Partnern. Zur Bestandserhaltung sind daher weit weniger männliche Tiere erforderlich als weibliche. Je weniger Hengste, Bullen, Böcke, Eber oder Hähne für die Zucht benötigt werden, umso höher ist ihr Zuchtwert. Denn es kann schärfer selektiert werden. Der früher übliche »Dorfbulle« war zwangsläufig kein sehr scharfes Selektionsprodukt, denn er mußte in jedem Dorf mindestens einmal vorhanden sein. Doch seit durch künstliche Besamung jeder Bulle seine wertvollen Anlagen auf

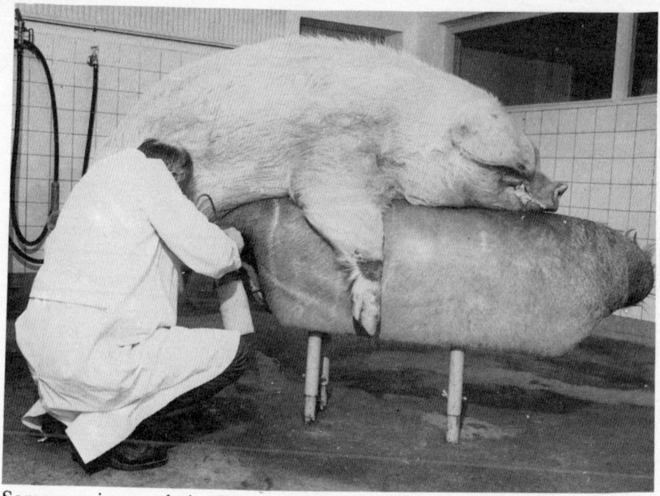

Samengewinnung beim Eber mittels einer »Phantom-Sau«

mehrere tausend Kühe verteilen kann, kommen nur noch die allerbesten Vererber zum Zug. Was es für die Leistungsentwicklung der Kühe bedeutete, als vor 20 Jahren die **künstliche Besamung** eingeführt wurde, läßt sich leicht vorstellen. Heute werden in der Bundesrepublik zwei von drei Kühen »unter Vermeidung des Deckakts« befruchtet. Bei den anderen, kleineren Nutztieren hat die Methode noch nicht in größerem Umfang Eingang in die landwirtschaftliche Praxis gefunden, weil der Aufwand pro Tier größer (schneller Generationswechsel bedingt kürzere Besamungsintervalle) und der Nutzen geringer ist. Der Aufwand ist beträchtlich, denn jedesmal, wenn eine Kuh brünstig ist, muß der Besamungstechniker ins Haus bestellt werden (siehe: Kap. »Rind«). Neuerdings versucht man durch Hormonfütterung mehrere Kühe gleichzeitig brünstig zu bekommen. Den Bullensamen bestellt der Landmann aus einem Katalog. Dieser enthält die wichtigsten Angaben über die bei der Besamungsstation verfügbaren Vererber.

Jede Station hält mehrere Bullen gleichzeitig. Sie werden zwei bis drei mal in der Woche »abgesamt«. Man läßt sie dazu auf eine »Phantom-Kuh« springen, ein lederüberzogenes, mit weiblichen Geruchsstoffen eingeriebenes Gestell – und fängt das Sperma in einer künstlichen Scheide auf. Durch Verdünnung können aus einem einzigen Ejakulat bis zu 500 Samenportionen hergestellt werden. Nach der mikroskopischen Untersuchung (mindestens 70 %

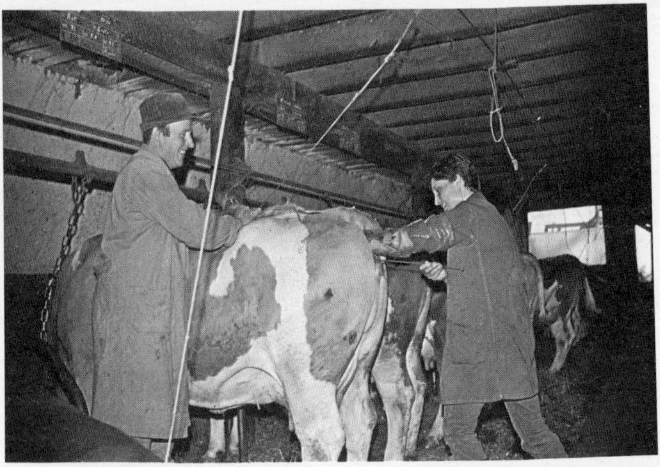

Zwei Drittel aller Kühe in der Bundesrepublik werden künstlich besamt.

der Samenfäden müssen in Bewegung sein) wird das Sperma tiefgefroren (-196 °C). Es ist bei dieser Temperatur nahezu unbegrenzt haltbar. Von einem wertvollen Bullen können also selbst dann noch Nachkommen gezeugt werden, wenn er längst nicht mehr am Leben ist.

Die Nutzleistung landwirtschaftlicher Haustiere ist oft an ein bestimmtes Geschlecht gebunden (nur weibliche Tiere geben Milch oder legen Eier); zumindest aber ist die Nutzung bei einem der beiden Geschlechter vorteilhafter (männliche Tiere haben einen besseren Fleischansatz). Durch Zentrifugieren des Spermas ist es inzwischen gelungen, den Anteil des gewünschten Geschlechts in der Nachkommenschaft von üblicherweise 50 Prozent auf 70 Prozent anzuheben. Die Trennung beruht auf einem unterschiedlichen Gewicht der Samenfäden – je nachdem, ob sie Träger des X- oder des Y-Chromosoms sind. Durch Verbesserung der Samenfraktionierung hofft man in absehbarer Zeit den Anteil des gewünschten Geschlechts in der durch künstliche Befruchtung gezeugten Nachkommenschaft auf 90 Prozent anheben zu können.

Während ein Hochleistungsbulle seine Anlagen durch künstliche Besamung auf mehrere tausend Nachkommen übertragen kann, muß sich eine Hochleistungskuh mit einem Kalb pro Jahr begnügen. Ihr genetisches Potential wird also weit weniger zur Ver-

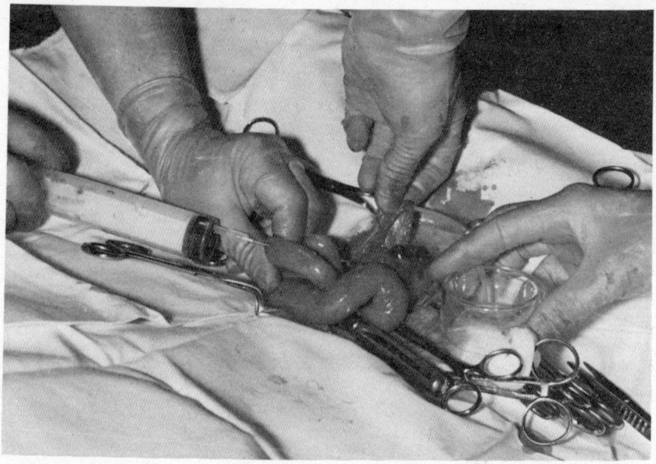

Ausspülen befruchteter Eizellen (Embryonen) aus dem Eileiter einer Kuh. Der Embryo-Transfer kann auch unblutig durchgeführt werden – allerdings mit geringerer Ausbeute.

besserung der Herde genutzt als das des Bullen. Dieser Umstand ließ die Tierzüchter natürlich nicht ruhen. Sie wanden sich mit ihrem Problem an die Veterinärmediziner und denen gelang es, Mitte der siebziger Jahre, ein Verfahren zur Praxisreife zu entwikkeln, das die Anlagen wertvoller Kühe besser zur Geltung bringt: den **Embryo-Transfer** – die Übertragung künstlich befruchteter Eizellen von einer Zuchtkuh auf mehrere »Ammenkühe«.

Im einzelnen läuft die Sache so: Bevor die Zuchtkuh besamt wird, löst der Tierarzt mit einer Hormon-Injektion eine »Super-Ovulation« (mehrfacher Eisprung) aus. Dadurch werden bei jeder Besamung 8–25 Eizellen befruchtet. Sieben Tage nach der Befruchtung werden die stecknadelkopfgroßen Embryonen, entweder operativ oder auf unblutigem Wege, aus der Gebärmutter gespült und einzeln auf je eine »Ammenkuh« übertragen. Der Brunstzyklus des Empfängertiers muß mit dem des Spendertiers gleich laufen. Dies wird entweder durch eine Prostaglandin-Injektion erreicht oder dadurch, daß der Embryo tiefgefroren wird bis das Empfängertier soweit ist. Will man die Embryonen über größere Entfernungen verschicken, müssen sie ebenfalls in flüssigem Stickstoff konserviert werden.

Die Ammenkühe tragen die fremde Leibesfrucht aus als wäre es ihre eigene. Als Leihmütter genügen brave Durchschnittskühe:

Die Eigenschaften des Kalbs werden ausschließlich von den Anlagen der wirklichen Eltern bestimmt (ordnungsgemäße Fütterung und Haltung der Leihmütter vorausgesetzt). Durch den Embryo-Transfer kann die Vermehrungsrate von Hochleistungskühen auf dreißig Kälber pro Jahr gesteigert werden. Bisher wird die Methode vor allem in den angelsächsischen Ländern praktiziert. Aber auch bei uns ist die »Ei-Transplantation« (so die volkstümliche Bezeichnung) langsam im Kommen: Letztes Jahr wurden in der Bundesrepublik 500 Embryo-Transfers durchgeführt.

Vor 30 Jahren, als es noch keine künstliche Besamung gab und keinen Embryo-Transfer, mußten die Bauern das Zuchtvieh für eine Blutauffrischung oft über große Entfernungen beziehen – manchmal sogar aus Übersee. Das war umständlich und nicht gerade billig. Heute wird die wertvolle Erbinformation in handlichen Kühlboxen verschickt. Das erste Kalb, das aus der Kälte kam, väterlicher- wie mütterlicherseits, erblickte im Jahre 1973 (in Cambridge/Großbritannien) das Licht der Welt. Man gab ihm den Namen »Frosty«.

3.2. Fütterung

Von den Leistungssteigerungen der landwirtschaftlichen Nutztiere in den letzten drei Jahrzehnten ist nur etwa die Hälfte züchterischen Ursprungs. Der Rest geht auf das Konto einer beträchtlich intensivierten Fütterung und Haltung. In welchem Maß die Leistung der neuzeitlichen Züchtungsprodukte von einer angepaßten Fütterung und Haltung abhängig ist, haben Versuche mit Zwillingskälbern gezeigt: Wurde eines der Geschwister (moderne Hochleistungsrassen) gefüttert und aufgestallt wie in den fünfziger Jahren, erreichte es in einigen Fällen nicht einmal das damals übliche Leistungsniveau, in keinem Fall jedoch mehr als halb soviel wie die im Wohlstand genährten Zwillingsschwestern.

Die Abhängigkeit des Zuchterfolgs von der Fütterung beginnt bereits bei der Zuchtwahl. Denn nur unter optimalen Fütterungs- und Haltungsbedingungen lassen sichdie besten Tiere einer Herde erkennen. Hat man den Genotyp verbessert, kann er wiederum nur bei bester Fütterung und Haltung voll genutzt werden. Eine züchterische Anhebung der Nutzleistung ist ohne entsprechende Steigerung des Futterangebots genauso wirkungslos, wie eine Kraftfutterdosis, die über das genetische Leistungsvermögen hinausgeht. An dem, was eine moderne Hochleistungs-Kuh täglich zu sich

Einfluß der Ernährung auf das Wachstum. Beide Tiere sind Wurfgeschwister im Alter von 5 Monaten. Das rechte wurde gut ernährt, das linke schlecht.

nimmt, wäre ein Nachkriegs-Modell wahrscheinlich erstickt. (Eine rhetorische Übertreibung: Kühe überfressen sich nicht. Der moderne Mensch gehört zu den wenigen Lebewesen, die hierzu in der Lage sind.) Umgekehrt brächte es eine 6000-l-Kuh mit dem Futterangebot der frühen fünfziger Jahre, wie gesagt, nicht einmal auf die damals üblichen 2700 Liter.

Die in der modernen Landwirtschaft verwendeten Hochleistungsrassen reagieren wesentlich empfindlicher auf eine unzureichende Versorgung mit Nährstoffen als die früher üblichen bodenständigen Landrassen. Als besonderes Problem hat sich dabei die Versorgung mit **Wirkstoffen** (Mineralstoffe, Spurenelemente, Vitamine) herausgestellt. Ihr Bedarf ist um so größer, je höher die Leistung ist. (Eine Kuh scheidet allein mit der Milch pro Liter 1,2 g Kalzium und 1 g Phosphor ab.) Da durch die Züchtung nicht nur die Mengenleistung, sondern auch die Futterverwertung verbessert wurde (ein Hähnchen braucht pro Kilo Gewichtszunahme nur noch 2,4 kg Futter, ein Schwein nur noch 2,8 kg), nehmen die Tiere, im Verhältnis zur Leistung, weniger Futter auf. Das hat zur Folge, daß sie ihren Bedarf an Mineralstoffen und Vitaminen aus dem natürlichen Futter nicht mehr decken können. In der modernen Landwirtschaft hilft man sich durch Beimischung der fehlenden Wirkstoffe ins Kraftfutter. Eine Kuh erhält auf diese Art immerhin 150–200 Gramm Vitamine und Mineralstoffe (pro Tag) zusätzlich.

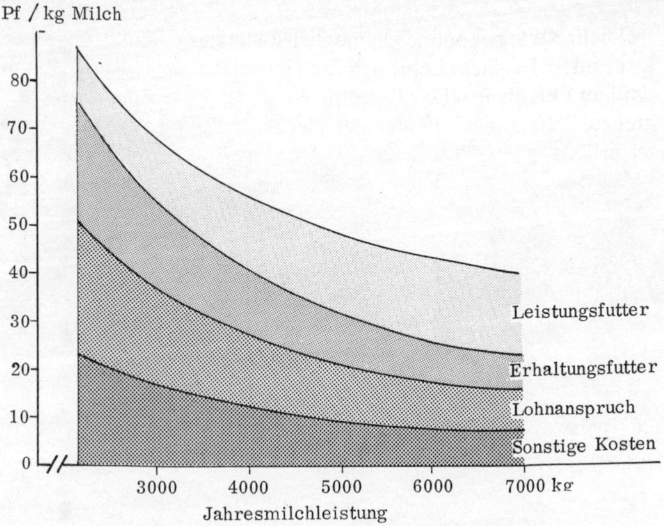

Je mehr Milch eine Kuh gibt, um so geringer sind die Erzeugungskosten pro Liter. Aus diesem Grund sind die Bauern bemüht, das dank züchterischer Bemühungen ständig steigende Leistungsvermögen ihrer Milchtiere mit Hilfe von Leistungsfutter (Kraftfutter) weitestgehend auszunutzen.

Fehler in der Fütterung wirken um so schwerer, je höher die Leistung der Nutztiere ist. Als erstes leidet bei mangelhafter Ernährung die Fruchtbarkeit; dann die Produktmenge und schließlich die Produktqualität. Da innerhalb einer Herde die Fruchtbarkeit der leistungsschwächeren Tiere bei unzureichender Fütterung weniger leidet als die der Spitzenleister, verschlechtert eine mangelhafte Tierernährung nicht nur die momentane Leistung, sondern auch den Zuchtwert der Herde. Wenn oben gesagt wurde, ein Landwirt könne nur durch eine optimale Fütterung das Leistungsvermögen seiner Tiere voll nutzen, so bedarf dies nunmehr einer Ergänzung: Er kann nicht – er muß geradezu. Allerdings wird er in der Regel auch nichts dagegen haben: denn bei hoher Leistung produziert es sich billiger. Zwar sind die Futterkosten höher, aber die Stall- und Arbeitskosten bleiben dieselben.

Was einen modernen Tierproduzenten umtreibt ist also nicht so sehr die Frage »Wie bekomme ich meine Tiere satt?«, sondern vielmehr »Wie bekomme ich möglichst viel in sie hinein, bevor sie satt sind?«. In einem Lehrbuch für Tierernährung heißt es dazu in schöner Offenheit: »Das Hauptproblem der Fütterung ist das begrenzte Aufnahmevermögen der Tiere«. Und ein paar Zeilen weiter erfährt man: »Die Beschaffenheit des Futters muß auf einen hohen Verzehr abzielen«.

Zu diesem Ziel führen in der modernen Landwirtschaft viele Wege: Masthähnchen z. B. verabreicht man das Futter in gepreßter Form (Pellets), damit sich das Sättigungsgefühl später einstellt. Schweinen macht man, da sie »süß« und »sauer« besonders mögen, das Futter mit Rohrzucker oder Milchsäure schmackhaft. Wiederkäuer erhalten, zur Anregung der Pansen-Motorik, periodisch einen »Rohfaser-Stoß« (Stroh u. ä.), damit sie schneller wieder zur Futteraufnahme bereit sind. Des weiteren kann, bei allen Nutztierarten, durch eine Erhöhung der Fütterungsfrequenz (Aufteilung der Tagesration in mehrere kleine Portionen) oder durch ein unbegrenztes Futterangebot (Ad-libitum-Fütterung) die Nahrungsaufnahme gesteigert werden. Von der Möglichkeit schließlich, durch einen »Sicherungszusatz« von Vitaminen, Antibiotika und Anabolika den Appetit und die Futterverwertung der Tiere zu erhöhen, wird in der modernen Landwirtschaft rege Gebrauch gemacht.

Die wirkungsvollste und damit gängigste Methode, landwirtschaftliche Nutztiere zu einer höheren Nährstoffaufnahme zu bewegen (sie schließt die anderen Verfahren nicht aus), besteht darin, daß man einen Teil der traditionellen, **»wirtschaftseigenen« Futtermittel** (Gras, Heu, Silage, Hackfrüchte) durch Kraftfutter ersetzt. Als **Kraftfutter** werden Mischungen aus energiereichen Getreidearten (Weizen, Gerste, Hafer) und eiweißreichem Proteinkonzentrat unterschiedlicher Zusammensetzung (Ackerbohnen, Sojaschrot, Palmkernschrot, Rapsschrot, Tapiokamehl, Fischmehl) bezeichnet. Kraftfutter besitzt einen hohen Trockensubstanzgehalt (87–90 %), das heißt ein im Verhältnis zu seinem Nährstoffgehalt geringes Füllungsvolumen. Den Tieren können deshalb über das Kraftfutter erheblich mehr Nährstoffe zugeführt werden, bevor sie satt sind. Z. B. frißt eine Kuh bei reiner Weideernährung höchstens 55 kg (11 kg Trockenmasse) pro Tag. Wird dagegen ein (möglichst großer) Teil des Grundfutters durch Kraftfutter ersetzt, nimmt sie beinahe die doppelte Trockenmasse zu sich. Im ersten Fall liefert sie pro Tag etwa 15 Liter Milch, im zweiten Fall sind es 40. Dies erklärt, warum die Bauern in den Industrieländern (nur sie können sich den Luxus leisten) sich immer mehr von ihrer wirtschaftseigenen Futtergrundlage entfernen und

Kraftfutter-Anlandung auf dem Mittellandkanal

ihre Tiere zunehmend »bodenunabhängig« mit Handelsfutter ernähren (beim Schwein und Huhn mehr noch als beim Rind). Die käuflichen Kraftfuttermischungen sind so zusammengesetzt, daß sich für die jeweilige Tierart ein optimales Kohlenhydrat-Eiweiß-Verhältnis ergibt. Während die Kohlenhydrat-Komponente (also das Getreide) des in der EG verfütterten Konzentrats wenigstens noch zum Teil aus europäischen Landen stammt, kommt das Futter-Eiweiß nahezu vollständig aus Übersee.

In welchem Umfang das Handelsfutter aus »Drittländern« zum Produktionssegen des europäischen Nutzviehs beiträgt, zeigt ein Blick in die Futtermittelimport-Statistik: Danach bezieht die Europäische Gemeinschaft jährlich Tierfutter in der Größenordnung von umgerechnet 50 Millionen Tonnen Getreideeinheiten. Knapp ein Viertel der europäischen Tierproduktion stammt aus importierten Futtermitteln. Die 25 Milliarden DM, die hierfür aufzubringen sind, zahlen die Bauern zunächst aus eigener Tasche. Sie tun dies gerne, denn ihre höherwertigen tierischen Erzeugnisse fließen anschließend um so reichlicher – und für die gibt es Subventionen. Ob die Erzeugnisse für die Ernährung der Bevölkerung gebraucht werden, oder ob sie lediglich zur Ausgestaltung der bekannten Brüsseler Berg- und Seenlandschaft beitragen, spielt da-

EG-Milchpulverlager: Schlaraffenland der Eurokraten

bei keine Rolle. Die europäischen Bauern erhalten inzwischen mehr »Produktionsbeihilfen« als ihre Produktion wert ist. Die Überproduktion ist eine zwangsläufige Folge des Systems: Je mehr ein Landwirt produziert, um so mehr Subventionen erhält er. Je weniger er also auf die Hilfe der öffentlichen Hand angewiesen ist, um so mehr wird sie ihm zuteil. Das System, das all dies ermöglicht – die »Europäische Agrarmarktordnung« – verschlingt zwei Drittel des gesamten EG-Haushalts, ohne daß für die Bürger, die dies finanzieren, auch nur ein einziger Vorteil erkennbar wäre: Die Lebensmittelpreise sind die höchsten in der Welt und die Ernährungssicherheit ist keineswegs so groß, wie es angesichts der Überschüsse scheinen mag. Denn eine Ernährungswirtschaft, die sich zu einem so wesentlichen Teil auf Futtermittel-Importe stützt, ist für Krisenzeiten nicht besser gerüstet als eine, die ihre Versorgungslücken gezielt durch Nahrungsmittel-Importe stopft.

Die **Intersivierung der Tierernährung** durch Kraftfutter hat die landwirtschaftliche Nutztierhaltung in den letzten 30 Jahren mehr verändert als jede andere Maßnahme – seit Nutztiere gehalten werden. Die Züchtung ebenso produktiver wie gefräßiger Hochleistungsrassen, der Übergang von kleinbäuerlicher Haustierhaltung zu bodenunabhängiger Massentierhaltung, die Nutzung der konzentrierten Tierbestände in arbeitssparenden Haltungssystemen, mit einem Wort: die Industrialisierung der landwirtschaftlichen Nutztierhaltung wurde erst durch den verstärkten Zukauf außerbetrieblicher Handelsfuttermittel möglich (der seinerseits erst durch die enorme Steigerung der Pflanzenerträge mit Hilfe von Düngemitteln, Spritzmitteln und mechanischer Bodenbearbeitung möglich wurde). Auf welche Weise hat nun das Handelsfutter die Tierhaltung verändert? Fangen wir mit der Züchtung an (die Auswirkungen auf die Stallsysteme werden im Kapitel »Haltung« besprochen):

Je mehr ein Tier leistet, um so höher sind seine Ansprüche an die Nährstoffversorgung. Eine züchterische Anhebung der Leistung ist somit nur soweit sinnvoll, daß das Tier unter bäuerlichen Praxisbedingungen noch ernährt werden kann. Es ist also weniger die genetische Plastizität der Tiere, die der Leistungszüchtung Grenzen setzt, als vielmehr das allgemein verfügbare Futterangebot. Dieses beschränkte sich bis zur Mitte des 20. Jahrhunderts im wesentlichen auf das, was bei den Viehhaltern (das waren früher fast alle Bauern) auf den Feldern wuchs – genauer gesagt: auf jenem Teil der Felder, die für die unmittelbare menschliche Ernährung (durch Pflanzen) nicht gebraucht wurden (Ackerland) bzw. nicht zu gebrauchen waren (Grünland). Es hätte also zu Beginn der fünfziger Jahre, wenig Sinn gehabt, eine Kuh über 3000 Liter Milch pro Jahr hinaus zu züchten: Sie wäre nicht zu ernähren gewesen.

Eine Bereicherung des Futterangebots durch Handelsfutter (gehandelt wird nur Kraftfutter) war nur in geringem Umfang möglich, weil es kaum welches gab. Der Grund: Wegen der geringeren Pflanzenerträge (sie haben sich in den letzten 30 Jahren verdoppelt) konnte nur ein kleiner Teil des Ackerlands zur Erzeugung von Tierfutter abgezweigt werden und was an Kraftfutter angebaut wurde, brauchten die Bauern für ihre eigenen Tiere. Für Futtermittelimporte fehlte es überdies an Devisen und einen freien Welthandel gab es auch noch nicht.

Ein Bauer konnte also nur so viele Tiere halten, wie er von seinen Feldern ernähren konnte. Außerdem mußten es die richtigen Tiere sein: In den Grünlandregionen bieten die Wiederkäuer (Rind, Schaf, Ziege) Vorteile, weil sie das geringerwertige pflanzliche Eiweiß wirkungsvoller in tierisches Eiweiß umwandeln; in den Ackerbaugebieten sind die Allesfresser (Huhn, Schwein) von großem Nutzen, weil sie Abfälle und Nebenprodukte aus der menschlichen Ernährung verwerten können.

Eine Nutztierhaltung, die sich in Art und Umfang an der örtlichen Futtergrundlage orientiert, wird als »bodenabhängige Veredelung« bezeichnet. Bis zur Mitte dieses Jahrhunderts wurde die

Haltung landwirtschaftlicher Nutztiere überall auf der Welt »bodenabhängig« betrieben. Heute ist dies nur noch in den wirtschaftlich weniger entwickelten Ländern der Fall. Sie haben nicht das Geld, ihre Fleischernährung durch Futtermittelimporte zu verbessern.

In den Industrieländern dagegen wird in zunehmendem Maße **»bodenunabhängig«** veredelt. In der Bundesrepublik Deutschland z.B. wird nicht einmal mehr die Hälfte des Tierfutters (gemessen am Nährwert) von den Viehhaltern selbst erzeugt. Nun könnte man es für ziemlich unwesentlich halten, wo das Futter herkommt, solange genug vorhanden ist – und aus der Sicht der Bauern ist es dies wohl auch. Aber die Welt der Hühner und Schweine, Kühe und Kälber ist nicht mehr dieselbe, seit sich ihre Besitzer immer mehr von ihrer betrieblichen Futtergrundlage verabschieden.

Vor allem hat sich natürlich die Ernährung der Tiere geändert. Daß man Kühe mit Gras, Klee und Luzerne, mit Futterrüben oder mit Grünmais ernährt, Schweine mit gedämpften Kartoffeln, Kleie oder Molke und Hühner mit Getreidekörnern und Küchenabfällen – das ist heute nur noch die halbe Wahrheit. In erster Linie erhalten sie alle Kraftfutter – die einen mehr, die anderen weniger. Das wirtschaftseigene Futter deckt im statistischen Mittel nur noch den Erhaltungsbedarf, d.h. es hält die Tiere am Leben. Die Nutzleistung stammt dagegen samt und sonders aus dem Kraftfutter. Sie konnte nach dem Krieg nur deshalb in so schwindelnde Höhen gezüchtet werden, weil das Kraftfutter immer reichlicher über den Atlantik floß. Sollte der Strom einmal versiegen, wären die heute üblichen Hochleistungsrassen nicht mehr zu gebrauchen. Mit dem, was hierzulande auf den Feldern wächst, könnten die Nährstoffansprüche dieser Tiere nicht entfernt befriedigt werden.

Sehen wir uns einmal genauer an, was landwirtschaftliche Nutztiere heute zu fressen bekommen: Am einfachsten liegt die Sache beim **Huhn:** Es erhält Kraftfutter – und sonst gar nichts. Von dem als Mehl oder Preßfutter angebotenen Konzentrat frißt das Tier etwa 150 Gramm pro Tag. An den Nährstoffgehalt und die Verdaulichkeit des Futters stellt das Huhn hohe Ansprüche, da infolge der raschen Darmpassage (ca. 3 Stunden) die Nahrung nur durch die Magensäure, nicht aber bakteriell, aufgeschlossen werden kann. Das in der Hühnerhaltung heute ausschließlich verwendete »Alleinfutter« ist so kompliziert zusammengesetzt (Getreide, Sojaschrot, Fischmehl, Mineralstoffe, Vitamine, Antibiotika, Parasitenmittel), daß es nicht auf den Betrieben gemischt, geschweige denn hergestellt werden kann. Die Hühnerhalter beziehen es fertig von der Industrie. Von dort kommen auch ihre Hühner (eine

Nachzucht der Hybriden ist nicht möglich) und die Käfige, in die sie die Tiere einsperren, ebenfalls. Manchmal kommen sogar die Hühnerhalter von der Industrie. Bis vor 30 Jahren war die Hühnerhaltung ausschließlich eine Sache des bäuerlichen Nebenerwerbs. Die Hühner rannten auf dem Hof herum und zu fressen bekamen sie Getreidekörner und das, was in der Küche übrig blieb. Heute ernähren sie sich von industriellem Handelsfutter und ihr Leben verbringen sie zu tausenden in fabrikähnlichen Hallen. Die Entwicklung der Hühnerhaltung ist ein einprägsames Beispiel dafür, wie bäuerliche Nutztierhaltung durch bodenunabhängige Veredelung zu industrieller »Tierproduktion« verkommen kann.

Die Schweine- und Rinderhaltung ist davon noch ein ganzes Stück entfernt. Aber auch hier werden die Abhängigkeiten immer größer. Mehr als die Hälfte des Futters stammt bereits von der Industrie. Die Züchtungen sind so ausgelegt, daß sich ihre Leistungsreserven nur mit erheblichem Kraftfutter-Aufwand nutzen lassen. Eine **Kuh** z.B. erhält pro Tag 7–12 kg Kraftfutter (Trockenmasse: 90 %). Da sie insgesamt nur 17–21 kg Trockenmasse aufnehmen kann, gerät das Grundfutter (im Sommer: Gras, Klee, Luzerne, Futterrüben, Rübenblatt; im Winter: Heu und Silage) leicht in die Minderheit. Mit dem, was Kühe heute noch an traditioneller Kost bekommen, würden sie im Winter keinen Tropfen Milch mehr geben; im Sommer wären es ein paar Liter. Immer häufiger ziehen Bauern aus der schwindenden Bedeutung ihrer Weiden die Konsequenz und lassen ihre Kühe das ganze Jahr im Stall. Sie vermeiden damit zum einen die Futterverluste durch den Viehtritt auf der Weide und ersparen ihren Wiederkäuern zum anderen den obligatorischen Frühjahrs-Durchfall, der sich jedes Jahr nach dem Weideauftrieb einzustellen pflegt.

Daß landwirtschaftliche Nutztiere immer mehr aus unserem Gesichtskreis verschwinden, ist also eine Folge der intensiven Tierernährung. In diesem Zusammenhang darf eine zweite Folge der Ertragsmaximierung nicht unerwähnt bleiben: Weil immer mehr Grundfutter durch Kraftfutter ersetzt wird, fallen immer mehr Futterflächen brach und verwildern. Die moderne Landwirtschaft trägt keineswegs zur Pflege der Kulturlandschaft bei – auch wenn ihre Standesvertreter dies immer wieder behaupten. (Von den fabrikähnlichen Stallgebäuden wird später noch die Rede sein.)

Wegen der hohen Nährstoffansprüche der modernen Rassen lassen sich Menge und Zusammensetzung des Futters nicht mehr über den Daumen peilen. Eine Futterwerttabelle ist deshalb für den Viehhalter ein unerläßliches Requisit. Während der verschiedenen Leistungsphasen eines Nutztierlebens (Wachstum, Trächtigkeit,

Laktation, Legeperiode, Mast) sind sehr unterschiedliche Nährstoffnormen einzuhalten. So vermindert sich z.B. der Energiebedarf einer Kuh vom Höhepunkt der Laktation (ca. 6 Wochen nach dem Abkalben) – er entspricht hier dem von 25 erwachsenen Menschen – zum Tiefpunkt hin (kurz vor dem Trockenstellen) auf etwa die Hälfte. Ein Bauer muß also immer wissen, in welcher Phase der Laktation sich eine Kuh befindet. (Er mißt dazu die Milchleistung).

Damit die Sache in der Praxis nicht zu kompliziert wird, erhalten meist alle Kühe – auch die trocken gestellten – eine Mischung aus Grund- und Kraftfutter, die den Erhaltungsbedarf plus 10–12 Liter Milchleistung abdeckt. Für eine Milchleistung bis 35 Liter sorgt eine zweite Kraftfutterration, die morgens und abends, während des Melkens, verabreicht wird (jeweils 4 kg). Für noch höhere Milchleistungen muß das System umgestellt werden, da bei allzu massivem Kraftfutter-Einsatz der Speichelfluß und die Pansenmotorik der Wiederkäuer so stark abnimmt, daß sie – infolge der Übersäuerung des Magens – die Nahrungsaufnahme einstellen. Übrigens gilt nach dem Tierschutzgesetz eine Ernährung solange als »artgemäß«, wie »gestörte körperliche Funktionen, die auf zu vertretende Mängel oder Fehler in der Ernährung zurückgeführt werden können, nach den Regeln der tierärztlichen Kunst nicht festzustellen sind«.

Die **Verdauung der Wiederkäuer** (Rind, Schaf, Ziege) unterscheidet sich von der anderer Pflanzenfresser (Pferd), Allesfresser (Huhn, Schwein) oder Fleischfresser (Hund, Katze). Die Nahrung wird zunächst nur kurz zerkleinert und dann in den voluminösen Vormagen (bestehend aus: Pansen, Netzmagen und Blättermagen; Fassungsvermögen: 90 kg) hinuntergeschluckt. Das Wiederkauen beginnt kurz nach Beendigung der Nahrungsaufnahme. Dabei wird das Futter in kleinen Portionen (400–800 pro Tag) in die Mundhöhle zurück gefördert und nunmehr gründlich gekaut (jeder Bissen 45–60 Sekunden lang). Das Wiederkauen dient vor allem der verstärkten Einspeichelung der Nahrung. Durch den Speichel werden die bei der mikrobiellen Gärung im Pansen entstandenen Säuren (Essigsäure, Propionsäure, Buttersäure) neutralisiert. Der Pansen der Wiederkäuer besitzt die Funktion einer Gärkammer. Er enthält zwischen zwei und sieben Kilogramm Bakterienmasse. Die Bakterien besitzen die Fähigkeit, schwer verdauliches Futter aufzuschließen und in Eiweiß umzuwandeln. Dieses wird dann dem Labmagen zur sekretorischen Verdauung zugeführt. Wiederkäuer können ihren Bedarf an essentiellen Aminosäuren deshalb ausschließlich mit Grünfutter decken, obwohl dieses nur geringerwertige pflanzliche Proteine enthält. Früher wurde dieser Vorzug

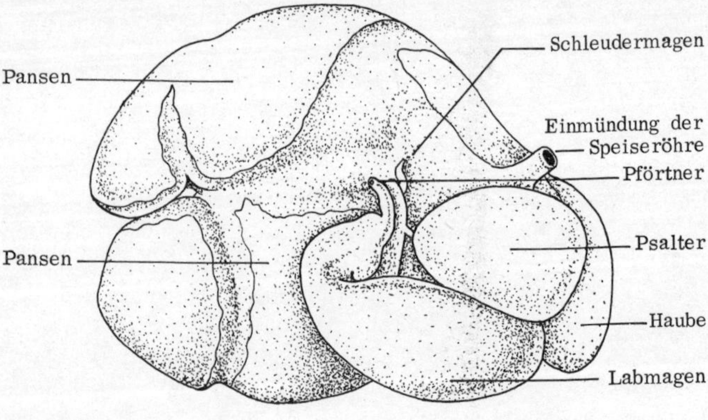

Das Magensystem des Rinds hat ein Fassungsvermögen von 90 kg.

durch die Weidehaltung ausgiebig genutzt. Seit jedoch immer mehr Kraftfutter das Grundfutter ersetzt, unterscheidet sich der Speisezettel der Wiederkäuer immer weniger von dem anderer Nutztiere.

Deren Möglichkeiten, die Nahrung bakteriell aufzuschließen, sind jedoch gering. So auch beim **Schwein,** der dritten Nutztierart, die sich in der modernen Landwirtschaft einer intensiven Fütterung erfreut. Da das Schwein die Nahrung fast nur enzymatisch aufschließen kann, kommen für seine Ernährung nur Futtermittel mit hoher Verdaulichkeit und geringem Rohfasergehalt in Frage. Kartoffeln und Rüben, die einzigen wirtschaftseigenen Futtermittel, die diesen Anforderungen genügen, scheiden in zunehmendem Maße aus, da ihre Erzeugung mit zuviel Arbeitsaufwand verbunden ist. Was bleibt, ist wiederum Kraftfutter. Es besteht in der Schweinehaltung zumeist aus Getreidemehl und Eiweißkonzentrat. Obwohl die Futterkosten zwei Drittel der gesamten Haltungskosten ausmachen, ist eine Verwertung von Abfällen (aus Küche oder Schlachtung) und Nebenprodukten (Molke, Biertreber) selten. Denn das Schwein liefert den größten Nutzen, wenn es intensiv ernährt wird.

Bei Pferd, Schaf und Ziege ist dies anders: Der Wert ihrer Produkte bzw. Dienstleistungen ist meist so gering, daß sich eine intensive Fütterung nur in Ausnahmefällen lohnt. Pferde, Schafe und Ziegen werden deshalb – auch in der modernen Landwirtschaft – fast nach alter Väter Sitte ernährt: Im Sommer sind die Tiere auf der Weide. Im Winter werden sie mit konserviertem Grünfutter versorgt. Kraftfutter gibt es nur in kleinen Mengen.

Welchen Stellenwert diese Idylle in der modernen Landwirtschft besitzt, zeigt ein Blick in die Tierhaltungsstatistik: In der Bundesrepublik Deutschland gibt es 128 Millionen (intensiv gehaltene) Hühner, Schweine und Rinder, aber nur 1,8 Millionen (extensiv gehaltene) Pferde, Schafe und Ziegen. Von den klassischen landwirtschaftlichen Nutztieren werden, in nennenswertem Umfang, also nur drei genutzt: das Huhn, das Schwein und das Rind. Die aber dafür um so intensiver: Von zehn Hektar landwirtschaftlicher Nutzfläche dienen in den Industrieländern der westlichen Welt bereits neun der Tierernährung. Nur zehn Prozent des Ackerlands ernähren den Menschen noch direkt. Angesichts der Üppigkeit unserer Ernährung könnte man dies für einen Fortschritt halten. Aber die Sache hat einen Haken: Das begehrte Tiereiweiß kostet Öl, viel Öl.

Jeder Liter Milch verbraucht bei seiner Herstellung drei mal, jedes Ei neun mal und jedes Rindersteak zwanzig mal mehr fossile Energie (Öl, Kohle, Gas) als anschließend im Produkt in Form von »Kalorien« enthalten ist. Für die Ernährung eines Wohlstandsbürgers ist pro Jahr etwa eine Tonne Öl erforderlich (Energiegleichwert).

Am meisten Energie wird zur Erzeugung des Tierfutters, insbesondere des Kraftfutters verbraucht: Amerikanische Wissenschaftler haben errechnet, daß in der modernen Landwirtschaft zur Beschleunigung des Pflanzenwachstums inzwischen mehr **fossile Energie** (in Form von Düngemitteln, Spritzmitteln und mechanischer Bodenbearbeitung) in die Kulturen gesteckt wird, als diese gratis von der Sonne erhalten (zur Erläuterung: Mineraldünger, Schädlingsbekämpfungsmittel und landwirtschaftliche Maschinen können nur mit Öl, Gas oder Kohle hergestellt bzw. betrieben werden). Zur Erzeugung von einer Tonne Körnermais sind z.B. 200 Liter Öl erforderlich.

Wenn das Tierfutter anschließend durch die Viehmägen gefiltert wird, bleiben von der wertvollen Futterenergie nur zwischen vier und zwanzig Prozent im Endprodukt hängen (Rindfleisch: 4 %, Geflügelfleisch: 5 %, Eier: 7 %, Milch: 15 %, Schweinefleisch: 20 %). Wo der Rest bleibt, soll wiederum am Beispiel einer Kuh verdeutlicht werden: Knapp die Hälfte der aufgenommenen Futterenergie verbraucht das Milchtier zur Aufrechterhaltung seiner Körpertemperatur. Rund ein Drittel scheidet die Kuh ungenutzt wieder aus. Etwa drei Prozent der Energie wird zu Methan (ca. 500 1/Tag) vergoren. An die Milch verschwendet das Tier nur ungefähr 15 Prozent der mit Öl, Gas und Kohle beträchtlich angereicherten Futterenergie.

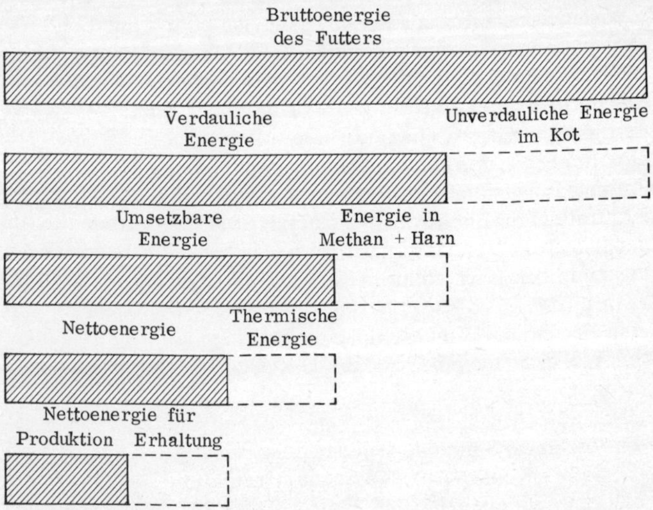

Bei der Veredelung pflanzlicher Rohstoffe zu tierischen Produkten geht der größte Teil der im Futter enthaltenen Energie verloren. Art und Umfang dieser als ›Veredelungsverlust‹ bezeichneten Einbuße sind hier schematisch dargestellt.

Fläche, die zur Erzeugung der jährlichen Nahrungsenergie für einen Mann nötig ist

	Wirkungsgrad %	Nötige Fläche m^2
Algen	50	1
Kartoffeln	0.10	6000
Getreide	0.05	1200
Zwetschgen	0.04	1500
Milch	0.04	1500
Schweinefleisch	0.015	4000
Eier	0.002	30 000

Bedarf: 10^9 cal pro Mann pro Jahr; Strahlung (Kalifornien): $1.6 \cdot 10^9$ cal $\cdot$ m^{-2} $\cdot$ $Jahr^{-1}$

In der modernen Landwirtschaft besteht die Tendenz, den Anteil der Tierproduktion gegenüber der Pflanzenproduktion möglichst auszuweiten, da sich mit Veredeltem mehr Geld verdienen läßt. Vorteilhafter als eine Vergrößerung der Tierbestände (höhere Anschaffungs-, Platz-, Arbeits- und Futterkosten) ist dabei eine Intensivierung der Tierfütterung (nur höhere Futterkosten). Allerdings nimmt bei der Intensivierung der Tierernährung (durch Kraftfutter) der Einsatz fossiler Energie überproportional zu – und damit auch die Veredelungsverluste. Je höher der Anteil tierischer Produkte in der menschlichen Nahrung, um so größer ist der ernäh-

Maisspeicher im amerikanischen Mittelwesten. Das größte und fruchtbarste Ackerbaugebiet der Erde dient ausschließlich der Erzeugung von Tierfutter.

rungsbedingte Energieverbrauch. In den Industrieländern der westlichen Welt stammen 70–80 Prozent der Nahrungsmittel vom Tier. In den Ländern der Dritten Welt (fast ausschließlich extensive Tierhaltung ohne Einsatz fossiler Energie) beträgt dieser Anteil nur 20–30 Prozent.

Die Viehwirtschaft der Industrienationen weist somit das wesentlichste Merkmal einer Industrie auf: sie erzeugt Wohlstand, indem sie endliche Rohstoffvorräte aufbraucht. Ob die Leistungsfähigkeit der Ernährungswirtschaft auch in Zukunft ausschließlich an der Höhe der Nahrungsproduktion gemessen werden kann, ist angesichts der schwindenden Weltenergievorräte zu bezweifeln. Was wäre, wenn sich alle Welt nach dem Vorbild westlicher Industriegesellschaften ernähren würde, hat der englische Agrarwissenschaftler Gerald Leach errechnet: Die gesamte derzeitige Welt-Energieförderung müßte dann in die Landwirtschaft fließen.

3.3 Haltung

Durch Domestikation und einseitige Nutzung wurden die Haustiere vom Menschen abhängig. Je mehr er sie fütterte, um so weniger konnten sie sich selbst ernähren. Je mehr er sie vor den Unbilden der Witterung schützte, umso weniger konnten sie Hitze und Kälte, Wind und Regen standhalten. Je mehr er ihre Nutzleistung in die Höhe züchtete, um so weniger konnten sie sich ohne menschliche Hilfe gesund erhalten und vermehren.

Die Abhängigkeit ist heute um so größer, je intensiver die Tiere genutzt werden. Moderne Hochleistungsrassen, die in künstlichen Haltungssystemen immer neue Produktionsrekorde aufstellen, können sich außerhalb ihrer Käfige, Boxen oder Dunkelställe oft nicht einmal am Leben halten: Als Legehennen in einem Versuch aus ihren Käfigen entlassen wurden, überlebten sie die Freiheit nicht, weil sie mit der Nahrungssuche und den innerartlichen Auseinandersetzungen nicht vertraut waren. Mastschweine, die ihre Bucht nie verlassen hatten, starben in Freiheit an Herzversagen. Ihre unterentwickelten Organe waren dem ungehinderten Auslauf nicht gewachsen.

Am größten ist die Abhängigkeit in der **Massentierhaltung.** Sie stellt die intensivste Form der Tiernutzung dar. Ihr Prinzip besteht darin, möglichst viele Tiere auf möglichst engem Raum unter möglichst kontrollierten Bedingungen zu halten. Ihr Ziel ist die Maximierung des »tierischen Ertrags«. Die Massentierhaltung über-

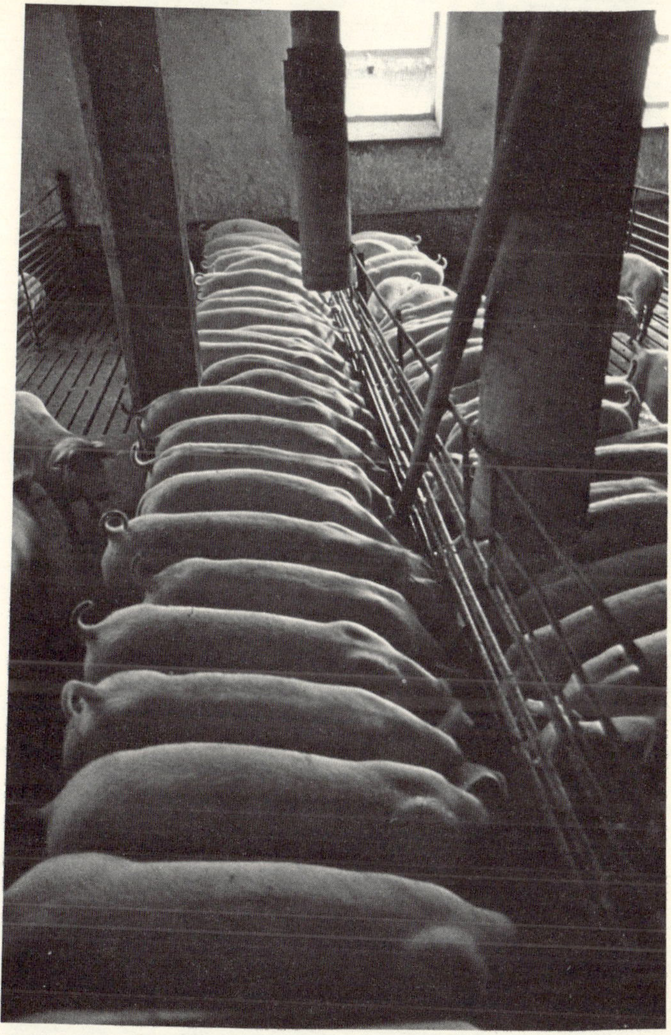

Die Nutzung möglichst vieler Tiere auf möglichst kleinem Raum unter möglichst kontrollierten Bedingungen wird als Massentierhaltung bezeichnet.

trägt die Prinzipien industrieller Produktion auf die Viehhaltung. Man mag darüber froh sein (wegen des Ernährungs-Wohlstands) oder traurig (wegen der Tiere): die Massentierhaltung ist in der modernen Landwirtschaft mehr die Regel als die Ausnahme: Zwei der drei wichtigen Nutztierarten werden in den Industrieländern überwiegend (Schwein) oder ausschließlich (Huhn) in dieser Form »produziert«. Desgleichen einige wirtschaftlich weniger wichtige Arten: Mastlämmer, Mastkälber, Puten, Kaninchen, Nerze. Mastrinder und Kühe werden zwar »intensiv« gehalten, von »Massentierhaltung« kann man hier aber (noch) nicht sprechen. Die Ernährung großer Tierbestände ist nur mit Handelsfutter möglich (bodenunabhängige Veredelung). Die Massentierhaltung konnte sich deshalb erst in den letzten 30 Jahren und nur in den Industrieländern entwickeln.

In den wirtschaftlich weniger entwickelten Ländern (also im größten Teil der Welt) wird die Tierhaltung **extensiv** betrieben (die Fachliteratur nennt diese Haltungsform »primitiv«). Da der geringe Pflanzenertrag (keine Mineraldüngung, Spritzung, maschinelle Bodenbearbeitung) kaum für die direkte Ernährung der Bevölkerung ausreicht, bleibt die Tierhaltung auf solche Flächen beschränkt, die den Anbau von Nahrungspflanzen wegen des Klimas (Kälte, Trockenheit), der Topographie (Gebirge) oder der Bodenbeschaffenheit (Unfruchtbarkeit, Versalzung, Steine) nicht zulassen. Bei Ausdehnung der Viehhaltung über diese Gebiete hinaus, würde das Tier zum Nahrungskonkurrenten des Menschen. Das Futter für seine Ernährung müßte anstelle menschlicher Nahrung angebaut werden. Da hierbei das Land fünf bis zehn mal ungünstiger genutzt würde (wegen der Veredelungsverluste), beschränkt sich die Tierhaltung in den ertragsschwachen bzw. dichtbesiedelten Ländern der Dritten Welt auf die Nutzung von Gebirgsweiden, Steppen, Halbwüsten, Wege- und Feldrändern, Grasflächen in Baumkulturen, etc.

Der Aufwand entspricht dabei in etwa den geringen Ertragsaussichten. Er beschränkt sich meist auf die Begrenzung der Weideflächen, die Bewachung der Herden und die Einschränkung der Paarungsmöglichkeiten. Stallhaltung ist in der extensiven Viehwirtschaft bereits die Ausnahme.

In den wohlhabenderen Ländern wird die Tierhaltung nur dort extensiv betrieben, wo aufgrund eines riesigen natürlichen Weideangebots die absetzbare Produktion auch ohne Intensivierung der Fütterung und Haltung erreicht werden kann (Schafe in Australien; Rinder in Argentinien).

Dagegen paßt sich die Nutztierhaltung in den Industieländern

Rinderherde in Arizona

immer mehr der allgemeinen Wirtschaftsphilosophie an: Damit der Wohlstand steigt, muß mehr produziert werden. Damit mehr produziert werden kann, muß die Fertigung von Gütern rationalisiert werden. Die Güter auf dem Ernährungssektor machen da keine Ausnahme. Weil die Landwirtschaft diesem Zwang in den letzten 30 Jahren recht willig gefolgt ist, hat man ihr das Prädikat »modern« verliehen. Wohl wissend, was sie ihrem neuen Ruf schuldig ist, wurden die alten Begriffe »Ackerbau« und »Viehzucht« umgetauft: Sie heißen heute **»Tierproduktion«** und **»Pflanzenproduktion«.**

Die Aufgabe der Tierproduktion besteht darin, mit möglichst geringem Aufwand an Kapital und Arbeit einen möglichst hohen tierischen Ertrag zu erzielen. Die Massentierhaltung löst diese Optimierungsaufgabe mit großer Unbefangenheit. Daß der wichtigste Produktionsfaktor ein Lebewesen ist, stört dabei nur unwesentlich. Entscheidend für die Ausgestaltung der Haltungssysteme ist die Interessenlage des Halters. Die Bedürfnisse der Tiere werden nur soweit berücksichtigt, daß negative Auswirkungen auf die Produktion in größerem Umfang nicht auftreten. »Die Begleiterscheinungen der Technisierung und Rationalisierung haben das Verständnis für den lebenden Organismus sehr in den Hintergrund gedrängt«, heißt es hierzu bedauernd in einem Buch über Hühnerhaltung.

Die moderne Nutztierhaltung kontrolliert jeden Aspekt tierischen Lebens. Sie schränkt ein, teilt zu, verändert: Licht und Luft, Futter und Wasser, Bewegung und Ruhe, Fortpflanzung und Aufzucht – alles wird geregelt. Nichts bleibt dem Zufall überlassen. Warum sich die Bauern soviel Mühe machen, die natürliche Umwelt ihrer Tiere zu verändern, hat einen einfachen Grund: Das Leistungsvermögen der Tiere ist so weit in die Höhe gezüchtet, daß es unter natürlichen, also »nicht-optimalen« Haltungsbedingungen, nicht voll genutzt werden kann.

Das Maß für die Gestaltung der Umwelt ist folglich die **Nutzleistung.** Liegt sie hoch, gelten die Haltungsbedingungen als »optimal«. Ob sie auch für die Tiere optimal sind, darüber gehen die Meinungen zwischen Agrariern und Nicht-Agrariern weit auseinander. Wir werden im Abschnitt »Tierschutz« darauf noch zurückkommen.

An zweiter Stelle der bäuerlichen Wertskala stehen die **Kosten.** Sie dürfen, damit sich der höhere Aufwand einer intensiven Haltung lohnt, nicht in gleichem Umfang steigen, wie der Wert der Produktion. In der alten Landwirtschaft hielt der Bauer den Aufwand gering, indem er seine Tiere möglichst lange auf der Weide ließ. Seine Kosten hielten sich in Grenzen, sein Ertrag aber auch. In der intensiven Nutztierhaltung (ganzjährige Aufstallung) sind dagegen Kosten und Ertrag hoch. Dennoch besteht gegenüber der traditionellen Wirtschaftsweise ein erheblicher Kostenvorteil, weil ein Gutteil des vergrößerten Arbeitsaufwands durch moderne Stalltechnik (Fütterungsautomaten, Entmistungsanlagen, Melkmaschinen usw.) wieder eingespart werden kann.

Auf den ersten Blick erscheint dies nicht im mindesten einleuchtend: Zum einen verteuert das arbeitssparende Gerät die Viehhaltung; zum anderen ist nicht die Arbeit der wichtigste Kostenfaktor, sondern das Tierfutter. Warum dennoch die Einführung arbeitssparender Stalltechnik (Rationalisierung) die Ertragssituation eines Viehbetriebs am günstigsten beeinflußt, läßt sich in einem Satz zusammenfassen: Je weniger Arbeit ein Bauer mit seinen Tieren hat, um so mehr kann er davon halten. Was ihm an Futter fehlt, kauft er im Handel. Die **optimale Betriebsgröße** wird heute wesentlich davon bestimmt, wie viele Tiere ein Bauer mit Hilfe moderner Stalltechnik pro Tag versorgen kann. In Amerika, wo die Industrialisierung der Nutztierhaltung am weitesten fortgeschritten ist, gelten derzeit als Grenze: 75 000 Masthähnchen, 5000 Mastrinder, 2000 Schweine, 60 Milchkühe. Der bäuerliche Arbeitsplatz ist durch die Mechanisierung zu einem der teuersten überhaupt geworden. Er kostet von der Ausstattungsseite her im Durchschnitt mehr als ein Arbeitsplatz in der Industrie.

Die Gestaltung neuzeitlicher Tierhaltungssysteme erfolgt einseitig nach betriebswirtschaftlich-technischen Gesichtspunkten. Die Haltung selbst so unterschiedlicher Tiere wie Hühner, Schweine und Kühe weist dadurch erstaunliche Gemeinsamkeiten auf. Sie sollen im folgenden besprochen werden.

Als kostensparend und bis zu einer gewissen Grenze leistungsfördernd hat sich die Unterbringung von möglichst vielen Tieren auf engem Raum erwiesen. 50 000 Hühner, 1000 Schweine oder 100 Kühe pro Stall sind heute keine Seltenheit. Der Vorteil einer dichten Belegung ist ein zweifacher: Erstens können auf gleicher Grundfläche mehr Tiere »produziert« werden; zweitens wird weniger Futter in Bewegungsenergie umgewandelt. Dabei sind freilich ein paar Kleinigkeiten zu beachten:

Alle landwirtschaftlich genutzten Tierarten leben in **Sozialverbänden.** Jedes Tier nimmt innerhalb der Herden-Hierarchie einen bestimmten Platz ein. Dieser Platz wird in den ersten Lebenswochen (Saugordnung der Ferkel) oder -monaten (Hackordnung der Hühner) durch Rangordnungskämpfe ermittelt und bleibt ein Leben lang fast unverändert erhalten. Ranghöhere Tiere haben am Freßplatz den Vortritt und sind deshalb meist besser entwickelt als rangniedere Tiere. Der Landwirt berücksichtigt dies, indem er die Tiere in **Leistungsgruppen** aufteilt. Dadurch wird die Intensität der Rangordnungskämpfe herabgesetzt und vermieden, daß sich die niederen Chargen der Rangordnung deutlich schlechter entwikkeln, weil sie beim Kampf um den Futterplatz ständig den kürzeren ziehen.

Die Belegungsdichte der Käfige (Hühner) oder Buchten (Schweine) hat dort ihre Grenze, wo die **kritische Ausweichdistanz** unterschritten wird. Das rangniedere Tier kann nicht mehr durch Ausweichen deutlich machen, daß es seine unterlegene Position anerkennt. Aggressionen auf der einen und Streß auf der anderen Seite sind die Folgen. Beides äußert sich u.a. in kannibalischem Fehlverhalten: Hühner picken in die Augen, in die Kämme oder in den After oder reißen sich gegenseitig die Federn aus. Schweine fressen ihren Artgenossen die Schwänze ab oder nagen an den Ohren. **Kannibalismus** tritt nicht nur als Folge von Überbelegung auf, sondern gilt generell als Reaktion auf die in Intensivbetrieben besonders reizarme Umgebung. Das Futter ist schnell verdaut und arteigene Nebenbeschäftigungen wie Sandbaden oder Nestbau beim Huhn oder das Suhlen beim Schwein werden durch die arbeitssparenden Beton- oder Gitterböden verhindert.

Die Landwirte reagieren ziemlich ratlos auf das systembedingte Fehlverhalten ihrer Tiere. Sie schneiden den Schweinen die

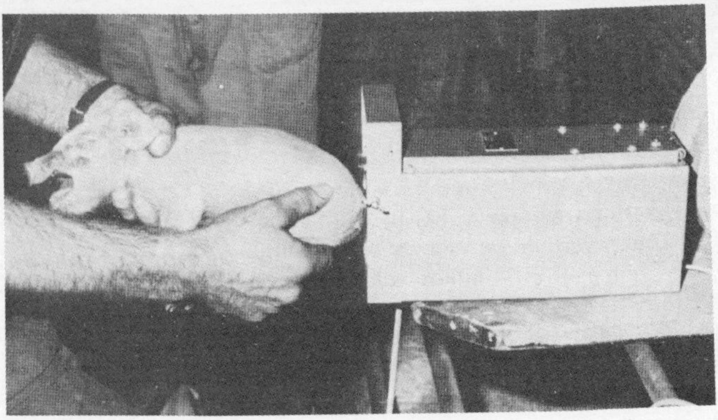

Vorrichtung zum Kupieren von Ferkelschwänzen. Statt die haltungsbedingten Ursachen des Schwanzbeißens anzugehen, rationalisiert man die Beseitigung der Symptome.

Schwänze ab (»Kupieren«), kürzen den Hühnern die Schnäbel, verdunkeln die Ställe oder beruhigen die Tiere mit Medikamenten (»Tranquilizer«). Sie kurieren an den Symptomen herum, weil sie glauben aus wirtschaftlichen Gründen an den Ursachen nichts ändern zu können.

Die landwirtschaftlichen Beratungsdienste empfehlen, bei Hühnern eine **Belegungsdichte** von 12 Tieren pro Quadratmeter (in 3 oder 4 Käfigen) nicht zu überschreiten. Schweine müssen sich im Liegebereich mit einem halben Quadratmeter begnügen (etwa 20 Tiere je Bucht). Bei Kühen stößt eine allzu strenge Raumökonomie auf Schwierigkeiten. Sie lehnen den Hautkontakt mit ihren Artgenossinen nachdrücklich ab. Auf der Weide kann man beobachten, daß Kühe zum Nachbartier stets 3–4 m Abstand halten. Sie werden deshalb im Stall einzeln in Liegeboxen untergebracht. Ihre alten Ställe haben die Kühe längst gesprengt: Vor 100 Jahren wog eine Kuh im Schnitt 250 kg. Heute sind es 600. Steht kein Auslauf zur Verfügung, bleiben die Kühe angebunden. Dagegen steht es ihnen in sogenannten »Laufställen« frei, sich in die Box zu legen oder sich in einem verbreiterten Mittelgang zu ergehen. Der Laufstall bietet gegenüber dem Anbindestall bessere soziale Interaktionsmöglichkeiten. Um im Auslauf Verletzungen zu vermeiden, werden die Kühe meist enthornt. Dies geschieht durch Ausbrennen oder Verätzen der Hornanlage (im Alter von wenigen Wochen) oder durch Aufstülpen elastischer Ringe über den Hornrand (die Hörner fallen nach einigen Wochen ab). Durch den Verlust der Hörner werden die Kühe verträglicher: Die Rangunterschiede mildern sich und die Ausweichdistanz schrumpft.

Wo mehrere tausend Hühner, mehrere hundert Schweine oder mehrere dutzend Kühe in einem Stall untergebracht sind, genügt die natürliche **Lüftung** nicht mehr – zumal Hochleistungsrassen sehr zugempfindlich sind. In Großbeständen muß deshalb die Luft mit Ventilatoren abgesaugt und die Frischluft gleichmäßig über den Raum verteilt werden. Je nach Tierart, Alter der Tiere und Jahreszeit muß die Stalluft geheizt oder gekühlt werden. Junge Tiere brauchen mehr Wärme, den älteren wird es leicht zu heiß. Hühner fressen nur zwischen 12 und 18 °C wie sie sollen; bei Schweinen ist der Temperaturbereich optimaler Nahrungsaufnahme noch schmaler (40 kg-Schwein: 20–23 °C; 80 kg-Schwein: 15–16 °C). Außerdem hat die Wissenschaft erkannt, daß es unwirtschaftlich ist, die Tiere über das Futter zu heizen (ist der Stall um 5 °C zu kalt, steigt der Futterbedarf um 12 %). Kühe geben – desungeachtet – soviel Körperwärme ab, daß ihre Ställe in unseren Breiten nicht geheizt werden müssen. Dagegen müssen Hühnerställe immer und Schweineställe manchmal klimatisiert werden. Am besten klappt dies, wenn der Stall keine Fenster hat. Diese sogenannten **»Dunkelställe«** vermitteln den Eindruck von Tierfabriken. Sie sind billig zu erstellen und entsprechen den Vorstellungen der Massentierhalter von einer optimal kontrollierten Umwelt in idealtypischer Weise. Künstliche Lichtprogramme regeln die Freß- und Schlafzeiten, steuern die Brunst bzw. Legeperiode und reduzieren die innerartlichen Auseinandersetzungen. Temperatur und Luftfeuchtigkeit werden konstant gehalten, Hitze und Kälte bleiben draußen, und wann für die Tiere die Sonne scheint, bestimmt der Halter. Wenn allerdings der Strom ausfällt, dann geht nicht nur das Licht aus, sondern dann bleibt den Tieren auch die Luft weg, das Futter aus und der Kot liegen. Deshalb ist in Großbeständen ein Ersatzgenerator Pflicht.

Wenn viele Tiere auf engem Raum gehalten werden, sind die Gefahren und Auswirkungen von Seuchen besonders groß. Außerdem treten gehäuft leistungsmindernde Verhaltensstörungen auf. Die **Gesunderhaltung** großer, konzentrierter Tierbestände ist nur mit beträchtlichem chemotherapeutischem Aufwand möglich. Nur ein geringer Teil der Schädlingsbekämpfungsmittel, Antibiotika, Kreislaufmittel, Hormone und Beruhigungsmittel wird gezielt eingesetzt. Das meiste erhalten die Tiere vorbeugend ins Futter. Die Bayerische Tierärztekammer geht davon aus, daß 70 Prozent der in der Bundesrepublik vertriebenen Tierarzneimittel den Verbraucher auf illegalen Wegen erreichen.

Damit im Falle einer Stallinfektion die Nachzucht verschont bleibt, aber auch aus arbeitswirtschaftlichen Gründen, ist es üblich, die Jungtiere in gesonderten Räumen aufzuziehen. Ohnehin unvermeidlich ist dies beim Huhn, da ihm der Bruttrieb weggezüchtet wurde. Beim Schwein wurde die Säugezeit von ehemals 8–10 Wochen auf 5–6 Wochen verkürzt. Manchmal dürfen die Ferkel sogar nur drei Wochen an der Mutter Brust. Dieses **»Frühabsetzen«** hat den Vorteil, daß die Säue schneller wieder gedeckt werden können. Dadurch erhöht sich die Zahl der Würfe und somit die Zahl der Ferkel pro Jahr. Mit dem Absetzen müssen die Jungschweine die strohgefütterte Abferkelbucht verlassen. Meist werden sie in Drahtkäfige gesperrt und mit Fertigfutter ernährt, bis sie das Mastanfangsgewicht von 20 kg erreicht haben. In der Milchviehhaltung wird das Kalb der Kuh meist unmittelbar nach der Geburt weggenommen. Die Maßnahme dient dem Ziel, die Kuh möglichst schnell wieder ihrer wichtigsten Nutzung – der Milchgewinnung – zuführen zu können.

Daß Bauern fleißige Leute sind, läßt sich ernsthaft kaum bezweifeln. Dies um so weniger, wenn sie sich für die Viehhaltung entschieden haben. Ein Getreidebauer kann in Urlaub gehen, wenn er seine Ernte eingefahren hat. Einen Viehbauern dagegen ruft Tag für Tag die Pflicht. Die Tiere müssen gefüttert, die Ställe entmistet und die Produkte – soweit sie täglich anfallen (Milch, Eier) – gesammelt und verkauft werden. Wenn nachstehend von arbeitssparender **Stalltechnik** die Rede ist, die dem Bauern die Fütterung, die Produktentnahme und die Entmistung erleichert, dann gilt es sich zu erinnern, daß Bauern fleißige Leute sind: Was ihnen die Stalltechnik an Arbeit abgenommen hat, haben sie sich durch Vergrößerung ihrer Viehbestände wieder zugelegt.

Die **Fütterung** konnte erst mit zunehmender Verbreitung des Kraftfutters **automatisiert** werden. (Solange das Futter vom Feld geholt werden muß, bedeutet eine Mechanik, die es den Tieren vorlegt, keine nennenswerte Erleichterung). In der Hühnerhaltung wird das fertige Handelsfutter per Fließband aus einem Silo abgezogen und den Tieren vor die Schnäbel gefördert. Auch in der Schweinefütterung wird Handarbeit immer seltener. Häufig rührt der Halter die Kohlenhydrat- und Eiweißkomponenten in einem Bottich mit Wasser an (mit Hilfe eines Elektromixers) und pumpt das Flüssigfutter den Schweinen anschließend über ein Rohrleitungssystem wohldosiert in die Tröge. Die Menge kann individuell für jeden Trog an einer zentralen Schalttafel eingestellt werden. Fressen die Schweine den »Topf« nicht leer, gibt es beim nächsten Mal etwas weniger. Am meisten Arbeit fällt noch in der Milch-

Schweinefütterung per Knopfdruck. Die Futtermenge kann an der zentralen Schalttafel dieses modernen Betriebs für jeden Trog individuell eingestellt werden.

vieh-Fütterung an: Mit Rücksicht auf die Verdauung der Kühe kann nur ein Teil des Kraftfutters über Dosierautomaten angeboten werden (beim Melken). Der Rest muß unter das Grundfutter gemischt werden. Die Milchviehhalter erzeugen das Grundfutter meist selbst. Es wird im Sommer frisch verfüttert. Für den Winter muß etwa die Hälfte des Feldertrags durch Trocknung (Heu) oder durch Säuregärung (Silage) konserviert werden. Durch die große Zahl der Arbeitsschritte bei der Futtergewinnung und das große Stauvolumen des Grundfutters sind der Automatisierung der Milchviehfütterung enge Grenzen gesetzt.

Dafür muß sich heute kaum noch ein Milchbauer mit dem **Melken** plagen. Fast alle Betriebe haben eine Melkanlage. Eine unterdruckgesteuerte Membran in den Zitzenbechern der Melkmaschine ahmt die Handbewegungen des Melkers nach. Die hygienische Qualität der Milch hat sich durch das Maschinen-Melken erheblich verbessert. Dagegen hat die Verwertbarkeit gelitten: Das Spülmittel, mit dem die Rohre der Anlage gereinigt werden, gelangt beim nächsten Melken in die Milch. Es behindert die Tätigkeit der Bakterien und Schimmelpilze ohne die die Herstellung von Käse oder Joghurt nicht möglich ist.

Am meisten hat sich, durch die Segnungen der Stalltechnik, der Arbeitsaufwand für das **Entmisten** verringert: nämlich auf Null.

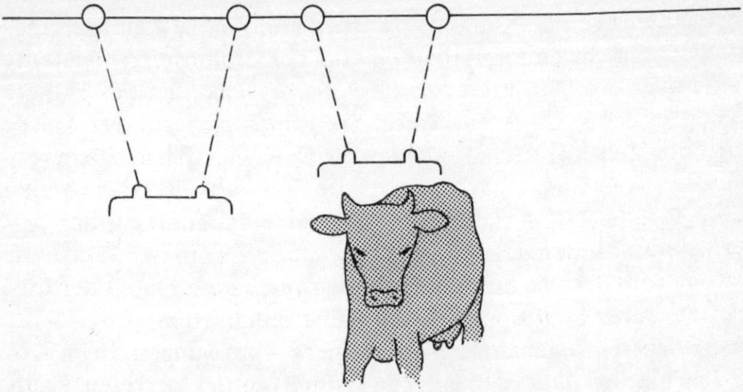

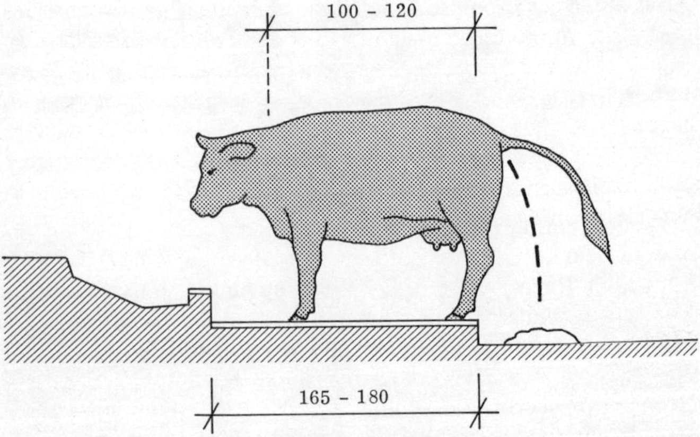

Der ›Kuhtrainer‹, ein stromführender Drahtbügel, gehört zu den Requisiten einer arbeitssparenden Milchviehhaltung. Er zwingt die Kuh beim Koten (krummer Rücken) zurückzutreten. Die Exkremente landen dadurch in einem Schwemmkanal. Das Entmisten entfällt.

Noch vor 30 Jahren wurden landwirtschaftliche Nutztiere nur auf Stroh gehalten. Weil sich im Stroh die Exkremente sammelten, mußte täglich entmistet werden. Heute erfolgt die Aufstallung fast ausnahmslos »strohlos« (Ausnahme: alte Ställe in kleinbäuerlichen Betrieben und Abkalbe- bzw. Abferkelbuchten). Die Tiere stehen auf Drahtgittern (Hühner), Spaltenböden (Schweine) oder auf geneigten Betonböden (Rinder). Die Exkremente (Huhn: 45 kg/Jahr; Schwein: 1 m³/Mastdauer; Rind: 30 kg Kot + 15 kg Harn/Tag) fallen nach unten in einen »Sumpf« oder (beim Rind) nach hinten in einen Kanal und werden von Zeit zu Zeit (automatisch) weggeschwemmt. Arbeit fällt bei der **strohlosen Aufstallung** kaum noch an. Den Preis für die Annehmlichkeiten des Halters zahlen in erster Linie die Tiere. Sie fühlen sich auf der kalten durchbrochenen Unterlage nicht wohl. Dies zeigt sich in einem verstärkten Auftreten aggressiver Verhaltensweisen (sie können durch Stroheinstreu vermindert werden). Außerdem treten auf perforierten Böden gehäuft Klauenschäden auf. In der Rindviehhaltung wird deshalb auf Spaltenböden verzichtet. Damit der Liegeplatz sauber bleibt, werden die Kühe durch Elektrobügel über dem Rücken – sogenannte »Kuhtrainer« – gezwungen, beim Koten (sie machen dabei den Rücken krumm) zurück zu treten. Laufställe werden mit automatischen Schiebern vom Gröbsten gereinigt.

Das durch die strohlose Aufstallung überflüssig gewordene Getreidestroh wurde lange ungenutzt auf den Feldern verbrannt. In jüngster Zeit sind Bemühungen erkennbar, die Energie (4 kg Stroh entsprechen 1 l Heizöl) in Strohöfen zur Warmwasserbereitung zu nutzen. In Dänemark wird das zellulosereiche Produkt sogar in Eiweiß-Futter verwandelt: Bakterien zersetzen hydrolysiertes Strohmehl, wachsen und vermehren sich und werden schließlich in Pulverform an das Vieh verfüttert.

In sog. ›Kurzständen‹ ist ein Kuhtrainer nicht erforderlich. Allerdings treten hier verstärkt Klauenschäden auf. Den Preis für die Annehmlichkeiten des Halters zahlen fast immer die Tiere.

Durch die Vergrößerung der Viehbestände, bis hin zur Massentierhaltung, hat sich der Mist zu einem handfesten Umweltproblem entwickelt. Früher, als die Landwirtschaft noch eine Kreislauf-Wirtschaft war, war der Mist kein Problem, sondern ein Segen. Er wurde über die Felder verteilt, damit die Pflanzen besser wuchsen. Diese wurden teilweise wieder an das Vieh verfüttert und das machte daraus – unter anderem – wieder Mist.

In der modernen Nutztierhaltung ist das etwas anders: Die Futterpflanzen brauchen den Mist nicht, denn sie werden mit Mineraldünger ernährt. Die Tiere brauchen kaum hofeigene Futterpflanzen, denn sie werden mit Handelsfutter ernährt. Aber Mist machen sie mehr als früher, denn erstens sind sie infolge der flächenunabhängigen Ernährung zahlreicher und zweitens fressen sie infolge der gestiegenen Nutzleistung mehr.

Welchen Umfang das **Mistproblem** inzwischen angenommen hat wird daraus ersichtlich, daß sich der Gesetzgeber genötigt sah, zum Schutz des Wassers die Ausbringung von Flüssigmist (Festmist fällt bei strohloser Aufstallung nicht mehr an) zu begrenzen. Erlaubt sind pro Hektar höchstens 40 m^3 im Jahr. Dies entspricht einer Besatzdichte von z.B. 20 Mastschweinen pro Hektar – eine Zahl, die von nicht wenigen Betrieben beträchtlich überschritten wird. Gelingt es den Bauern nicht, die Jauche auf den Feldern ihrer Nachbarn unterzubringen, weil diese ebenfalls zu viele Tiere besitzen, muß der »Odel« unter Umständen über größere Entfernungen verschickt werden. In den Niederlanden wurden zu diesem Zweck sogenannte »Mistbanken« gegründet. Ihre Aufgabe besteht darin, für das Mistangebot eine Nachfrage zu organisieren. Ist dies gelungen, wird die »Gülle« mit Tanklastzügen aus dem mit Intensivbetrieben reich gesegneten Ostteil des Landes in den Westen (mehr Weidewirtschaft) verfrachtet.

Ein zweites Umweltproblem, das durch die Intensivbetriebe verursacht wird, sind die **Geruchsemissionen.** Die Bauern versuchen deshalb ihre Produktionsstätten möglichst weit in die Landschaft hinaus zu siedeln. Aber nicht selten werden sie von den wachsenden Ortschaften wieder eingeholt. Nach neuester Rechtsprechung hilft es den Bauern nur wenig, daß sie als erste da waren. Sie müssen den Geruch abstellen oder ihren Betrieb schließen. Zu lösen ist das Problem durchaus: Die Stalluft kann über Erdfilter gereinigt werden, die Gülle verliert durch Belüftung oder durch Zusatz von Chemikalien ihren Duft. Aber die Landwirte fühlen sich durch die Auflagen in ihren freien Entfaltung als Unternehmer behindert. Was die Industrie darf, wollen sich auch dürfen. Schließlich ist ihr Gewebe inzwischen ebenfalls eine Industrie. In der Tat

Erdfilter zur Reinigung der Abluft aus einem innerörtlichen Schweinestall

entspricht der Fabrikationsprozeß der Tierproduktion dem einer industriellen Rohstoffveredelung: Die Rohstoffe (Futtermittel) werden überwiegend von außerhalb bezogen und mit Hilfe von Verbrennungsmaschinen (Nutztiere) in höherwertige Produkte (Nahrungsmittel) verwandelt. Als Verbrennungsrückstand bleibt der Mist. Er kann nur noch teilweise in den Prozeß zurückgeführt werden. Die alte Landwirtschaft hielt sich an die natürlichen Parameter. Die moderne Landwirtschaft tut dies nicht mehr. Sie hat sich in den Industrieländern von einer Kreislauf-Wirtschaft zu einer industriellen Abfall-Wirtschaft entwickelt. Mit der Veränderung der Produktionsmethoden ändert sich auch das Bewußtsein der Produzenten. Daß moderne Landwirte die nachteiligen Folgen ihres Wirtschaftens nicht selber tragen wollen, ist deshalb nicht weiter verwunderlich.

Durch die Intensivierung der Tiernutzung haben sich die Bande zwischen Tier und Halter gelockert. Die Massentierhaltung markiert den absoluten Tiefpunkt der jahrtausendealten Beziehung zwischen Mensch und Nutztier. Diese Entwicklung erweckt in zunehmendem Maße das kritische Interesse der Öffentlichkeit.

Landwirtschaftliche Kreise begegnen der Kritik mit dem Hinweis, ohne tierisches Wohlbefinden sei eine derart hohe Nutzleistung überhaupt nicht möglich. Verhaltensforscher, die der Landwirtschaft nicht nahe stehen, sprechen dagegen von einem züch-

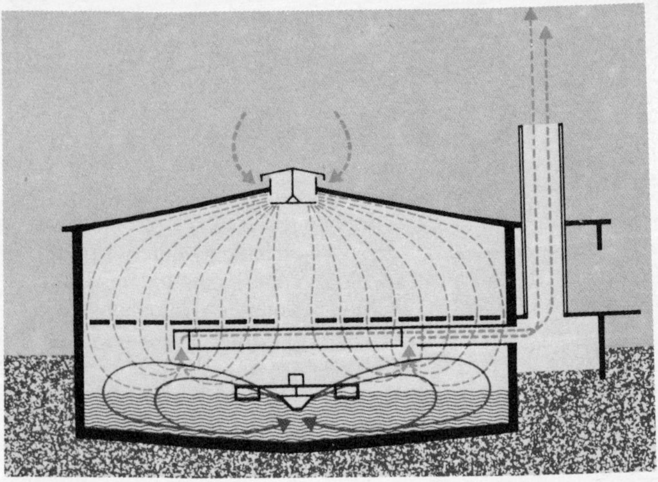

Schweineställe müssen nicht stinken. Der ›Roxidations-Stall‹ (runder Oxidationsstall) vermeidet Geruchsemissionen fast vollständig. Die Frischluft wird an den Schweinen vorbei durch den Spaltenboden (perforiert) in den Gülleraum gesogen und dort mit Gülle verwirbelt. Dabei wird die Luft gewaschen und die Gülle oxidiert.

tungs- und fütterungsbedingten »hormonellen Produktionszwang«.

In der englischsprachigen ethologischen Literatur wird die moderne Nutztierhaltung des öfteren als »over-simplified« (zu stark vereinfachend) bezeichnet. Das heißt, von den natürlichen Bedürfnissen der Nutztiere werden in den neuzeitlichen Haltungssystemen nur die elementarsten befriedigt (Luft, Nahrung, Witterungsschutz, Krankheitsschutz). Differenziertere Bedürfnisse dagegen (Bewegung, Sozialkontakte, Nestbau, Sandbaden, Suhlen, Scharren) werden unterdrückt. Als Folge treten die geschilderten Verhaltensstörungen auf. Damit der Schaden in Grenzen bleibt, müssen Medikamente und chirurgische Eingriffe eine artgerechte Haltung ersetzen.

Es ist zu befürchten, daß die natürlichen Bedürfnisse von Nutztieren noch differenzierter sind, als wir heute annehmen. Denn bisher hat sich die Verhaltensforschung mehr für Wildtiere interessiert als für Nutztiere. So kommt es, daß wir über das natürliche

Verhalten von Ratten, Möwen oder Stichlingen mehr wissen als über das von Kühen, Schweinen oder Ziegen.

Tiere besitzen die gleichen Sinnesorgane wie der Mensch. Sie zeigen Anzeichen von Schmerz, Erschöpfung, Angst, Frustration oder Zorn. Nur zu leicht werden Tiere mit menschlichen Maßstäben gemessen, aber die Erfahrung hat auch gezeigt, wie schnell jedes menschliches Maß verloren gehen kann. Wir haben keine Möglichkeit herauszufinden, inwieweit die Tiere mit den Bedingungen einverstanden sind, unter denen sie gehalten werden. Erlaubt ist deshalb, was der Gesetzgeber für akzeptabel hält. Im **Tierschutzgesetz** spiegelt sich die Unsicherheit darüber, wo Humanität aufhört, wenn sie nicht den Menschen selbst betrifft:

In Paragraph 1 heißt es: »Niemand darf einem Tier ohne vernünftigen Grund Schmerzen, Leiden oder Schäden zufügen«. Als »vernünftiger Grund«, der eine Ausnahme rechtfertigt, gilt nach dem Prinzip der »Güterabwägung« der Schutz eines »höherwertigen Rechtsguts« gegenüber einem »geringerwertigen Rechtsgut«. Der Grundsatz, daß der Mensch ein Tier »für seine Zwecke benutzen, abnutzen, brauchen und verbrauchen darf« (niedergelegt 1883 im Preußischen Abgeordnetenhaus), macht das Tier zu einem geringerwertigen Rechtsgut. Als höherwertiges Rechtsgut, das es zu schützen gilt, wird die »Ernährung des Menschen« definiert. Geschützt wird also weniger das Tier als der Halter (vor den Skrupeln einer Minderheit).

In Paragraph 2 heißt es: »Wer ein Tier hält, betreut oder zu betreuen hat,
1. muß dem Tier angemessene, artgemäße Nahrung und Pflege sowie eine verhaltensgerechte Unterbringung gewähren,
2. darf das artgemäße Bewegungsbedürfnis eines Tiers nicht dauernd und nicht so einschränken, daß dem Tier vermeidbare Schmerzen, Leiden oder Schäden zugefügt werden«.

In der Bundesrepublik Deutschland ist für den Tierschutz das Landwirtschaftsministerium zuständig. Die gleiche Behörde, die durch Forschung und Subventionen intensive Haltungssysteme entwickelt und fördert, befindet also anschließend darüber, ob die Systeme dem im gleichen Haus entstandenen Gesetz genügen. In der Landwirtschaft nennt man so etwas: »den Wolf zum Hirten machen«.

Schlußbemerkung

Was in diesem Buch über die Haltung landwirtschaftlicher Nutztiere gesagt wurde, deckt sich unter Umständen nicht immer mit den Beobachtungen des Lesers. Ein paar Kühe auf der Weide oder ein paar Hühner im Hof fallen natürlich mehr ins Auge als ein Langstall, hinter dessen grauen Mauern sich zehn, hundert oder tausend mal mehr Tiere verbergen. Wir sind nicht gewohnt, unsere optischen Informationen durch ein Sieb statistischer Wahrscheinlichkeiten zu filtern. Zur Erinnerung deshalb noch einmal etwas Statistik: 90 Millionen Hühner, 21 Millionen Schweine und 15 Millionen Rinder werden derzeit in der Bundesrepublik gehalten. Daran sollten wir denken, wenn es uns wieder einmal gelungen ist, ein paar davon in Gottes freier Natur zu entdecken!

Daß eine bäuerliche Minderheit, die aus verschiedenen Gründen (Nebenerwerb, Alter, biologischer Landbau, denkmalgeschützte Ställe) noch nach dem alten System wirtschaftet, neben der Masse der Intensiv-Betriebe kaum Erwähnung fand, geschah nicht ohne Absicht: Sie wird nur zu gerne von jenen als Alibi herangezogen, die es vor 20 Jahren für erforderlich hielten, das alte, ökologische Wirtschaftssystem, dessen Überlebende diese Klein- und Kleinstbauern sind, auf den Mist der Agrargeschichte zu werfen. Für den Absatz von Nahrungsmitteln, die mit recht ernüchternden Methoden produziert werden, ist die alte Bauernhofidylle natürlich eine feine Sache. Wer trinkt nicht lieber Milch von glücklichen Kühen,

Neuzeitlicher Hühnerstall am Rande des Bayerischen Waldes. Durch die Intensivierung der Tiernutzung sind einige Haustiere fast ganz aus unserem Gesichtskreis verschwunden.

die den Sommer auf der Weide verbringen und die im Winter, wenn es draußen schneit, in einem malerischen Stall, auf Stroh gebettet, zufrieden ihr Heu verzehren? Aber für die Art, wie unsere Nahrung heute erzeugt wird, ist diese Idylle so untypisch, wie ein Fachwerkhaus für eine moderne Großstadt.

Die industrielle Tierproduktion ist ein Teil unserer Zivilisation. Sie ist ein Teil der chaotisch beschleunigten Ausbeutung der Natur. Man mag ihre Methoden befürworten oder ablehnen: Sie sind die Grundlage unseres Ernährungs-Wohlstands. Sie sind so verzichtbar oder unverzichtbar wie dieser Wohlstand. Um eine »Strategie des Überlebens« – dies sei ausdrücklich festgestellt – handelt es sich dabei nicht. Daß die Erniedrigung der Tiere, die Vergeudung der Rohstoffe und die Belastung der Umwelt für die Erhaltung unserer Art erforderlich sind, läßt sich in Anbetracht der Überschüsse und der Überernährung wohl kaum begründen. Für eine ausreichende Ernährung der Bevölkerung ist die Maximierung des tierischen Nutzens keine Notwendigkeit.

Wenn immer wieder behauptet wird, wir könnten unseren Eiweißbedarf nur noch unter Zuhilfenahme der intensiven Haltungssysteme decken, so beweist dies lediglich, zu welch erstaunlichen Feinheiten die Sprache der Landwirtschaft fähig ist. Was als »Bedarf« bezeichnet wird, ist nichts anderes als die absetzbare Produktion. Mit einem Grundbedürfnis, das befriedigt werden muß, damit die Bevölkerung nicht vom Fleisch fällt, hat dieser »Bedarf« nicht das geringste zu tun. Er ist eine künstliche Größe, ein Kulturprodukt, das sich im Sog moderner Technologie ständig nach oben anpaßt. Den Anfang der Kettenreaktion bilden die intensiven Tierhaltungssysteme. Sie vergrößern das durch Subventionen und rationelle Produktion preisgünstige Nahrungsangebot (in Wirklichkeit ist es teuer, denn in seiner Eigenschaft als Steuerzahler muß der Verbraucher auch für die Subventionen aufkommen; der echte Preis für ein halbes Pfund Butter liegt z.B. bei 8–10 DM). Der Verbraucher greift zu, weil er es sich scheinbar leisten kann – und schon haben wir seinen neuen »Bedarf«, den es nun ständig zu dekken gilt. Die intensive Tiernutzung erhält so nachträglich ihre Rechtfertigung. Sie ist »unverzichtbar« geworden.

Denn was Homo consumens sich einmal als Besitzstand zugelegt hat, ist er geneigt für unverzichtbar zu halten. Daß andere weniger haben, daß er früher selbst mit weniger auskommen mußte, daran mag er sich nicht erinnern. Er ist nur in einer Richtung flexibel: »Mehr«. »Mehr« bedeutet für ihn Fortschritt. Weniger bedeutet Steinzeit.

Der Mensch ist, was er ißt. In den Industrieländern ißt er so viel, daß seine Ernährung an die erste Stelle der Krankheitsursachen vorgerückt ist. Der größte Teil der Nahrung stammt vom Tier. Nicht wenige Zeitgenossen glauben, sie würden entkräftet zu Boden sinken, wenn sie nicht jeden Tag ihr Schnitzel, ihr Steak oder ihr Gulasch auf den Teller bekommen. Aus Erfahrung können sie diese Erkenntnis nicht gewonnen haben: Vor 50 Jahren, als körperliche Arbeit noch die Regel und sitzende Tätigkeiten noch die Ausnahme waren, wurde nur halb so viel Fleisch gegessen wie heute. Der größte Teil der Menschheit ernährt sich fast ausschließlich von pflanzlichen Rohstoffen.

Tierische Produkte sind für die menschliche Ernährung kein »Muß«. In Indien hat man beobachtet, daß Kinder, die nur mit Brot und Gemüse ernährt wurden, sich völlig normal entwickelten. Tiereiweiß ist ein Indikator für Wohlstand. Einen Bedarf zeigt es nicht an. Allerdings ist ein ausgewogenes Nahrungsangebot mit tierischen Produkten leichter zusammen zu stellen. Denn jedes Produkt enthält alle für die Gesundheit erforderlichen (»essentiellen«) Aminosäuren. Bei pflanzlicher Ernährung muß dagegen, was einer Pflanze an Aminiosäuren fehlt, durch eine andere ausgeglichen werden. Auf Pflanzenbasis ist deshalb eine ausgewogene Ernährung schwieriger als auf Tierbasis. Aber sie ist möglich.

Dies ist kein Plädoyer für eine vegetarische Ernährung. Die Nutzung von Tieren ist für den Fortbestand unserer Art unerläßlich. Aber es gibt Grenzen der Tiernutzung, die zu überschreiten nicht erforderlich ist, sofern als Ziel eine ausreichende Vorsorgung der Bevölkerung mit Nahrungsmitteln angestrebt wird und nichts anderes. Diese Grenzen werden in den Industrieländern beträchtlich überschritten. Mag sein, daß wir mit dem Ergebnis zufrieden sind. Mag sein, daß wir eine Landwirtschaft, die mehr erzeugt als wir essen können, für erfolgreich, überlegen, zukunftsträchtig halten – vielleicht sogar für die Lösung des Welthungerproblems. Sie ist es nicht und sie hat keine Aussicht es jemals zu werden. Denn die moderne Landwirtschaft, die uns so prächtig ernährt, speist sich aus einer schwindenden Energiequelle. Die alte Kreislauf-Landwirtschaft ernährte und ernährt (im größten Teil der Welt) die Menschen schlecht, aber auf Dauer. Wie lange wir uns eine industrielle Nahrungsmittelproduktion noch leisten können, beantwortet sich durch die Endlichkeit der Rohstoffvorräte.

Literatur

Biedermann, G. u. Granz, E.: Rinderproduktion, P. Parey, Hamburg 1976

Bowman, J.C.: Animals for man, Studies in biology No. 78, E. Arnold Ltd. London, 1977

Brentjes, B.: Die Haustierwerdung im Orient, A. Ziemsen-Verlag, Wittenberg 1965

Bundesministerium für Ernährung, Landwirtschaft und Forsten: Statistisches Jahrbuch 1979, Landwirtschaftsverlag GmbH, Münster-Hiltrup 1979

Clabby, J.: Naturgeschichte des Pferdes, E. Hoffmann, Heidenheim 1978

Comberg, G.: Schweinezucht, E. Ulmer, Stuttgart 1978

Comberg, G.: Tierzüchtungslehre, E. Ulmer, Stuttgart 1971

Drawer, K. u. Ennulat, K.J.: Tierschutzpraxis, G. Fischer, Stuttgart 1977

Ennulat, K.J. u. Zoebe, G.: Das Tier im neuen Recht, W. Kohlhammer, Stuttgart 1972

Engelmann, C.: So leben Hühner, Tauben, Gänse; Neumann, Rostock 1972

French, M.H.: Oberservations on the goat, FAO, Rom 1970

Gravert, H.O.: Einführung in die Züchtung, Fütterung und Haltung landwirtschaftlicher Nutztiere, P. Parey, Hamburg 1979

Gravert, H.O.: Wie plane ich meine Tierzucht? P. Parey, Hamburg 1972

Hammond, J. u.a.: Handbuch der Tierzüchtung, P. Parey, Hamburg 1958

Harrison, R.: Tiermaschinen, Biederstein, München 1965

Henning, A. u. Poppe, S.: Abprodukte tierischer Herkunft als Futtermittel, VEB Deutscher Landwirtschaftsverlag, Berlin 1975

Henning, A. : Der große Wurf, GEO 5/79

Herre, W. u. Röhrs, M.: Haustiere – zoologisch gesehen, G. Fischer, Stuttgart 1973

Huber, A. u. Fölsch D.W.: Akustische Ethogramme von Hühnern, Birkhäuser, Basel 1978

Illies, J.: Anthropologie des Tieres, Piper, München 1973

Isaac, E.: Geography of domestication, Prentice-Hall Inc. Englewood Cliffs, N.J. 1970

Isenbart, H.H.: Pferde, Reich AG, Luzern 1976

Johansson, I u.a.: Haustiergenetik und Tierzüchtung, P. Parey, Hamburg 1966

Jungehülsing. H.: Rentable Veredelungswirtschaft, E. Ulmer, Stuttgart 1965

Kiley-Worthington, M.: Behavioural Problems of Farm Animals, Oriel Press Ltd. Stocksfield 1977

Kirchgessner, M. u. Friesecke, H.: Wirkstoffe in der praktischen Tierernährung, Bayerischer Landwirtschaftsverlag, München 1966

Kirsch, u.a.: Die Fütterung der landwirtschaftlichen Nutztiere, P. Parey, Hamburg 1967

Kleiber, M.: Der Energiehaushalt von Mensch und Haustier, P. Parey, Hamburg 1967

Kolb, E. u. Gürtler, H.: Ernährungsphysiologie der landwirtschaftlichen Nutztiere, VEB G. Fischer Verlag, Jena 1971

Lawrie, R.A.: Proteins as human food, AVI Publishing Company, Inc. Connecticut 1970

Leach, G.: Energy and food production, IPC Science and technology Press, Guildford, Surrey 1976

Löwe, H. u. Meyer, H.: Pferdezucht und Pferdefütterung, E. Ulmer, Stuttgart 1979

Mehner, A.: Das Buch vom Huhn, E. Ulmer, Stuttgart 1968

Merrill, R.: Radical Agriculture, Harper & Row, publishers, New York 1976

Nachtsheim, H. u. Stengel, H.: Vom Wildtier zum Haustier, P. Parey, Hamburg 1977

Otremba, E. u. Kessler, M.: Die Stellung der Viehwirtschaft im Agrarraum der Erde, Erdkundliches Wissen Heft 10, F. Steiner, Wiesbaden 1960

Reiner, W.M.: Verhaltensforschung bei Nutztieren, KTBL-Schrift, Landwirtschaftsverlag Hiltrup, 1974

Sambrauss, H.H.: Nutztierethologie, P. Parey, Hamburg 1978

Schmidt, L.: Zucht, Fütterung und Haltung der Schweine, DLG-Verlag, Frankfurt 1968

Scholtyssek, S.: Nutz- und Ziergeflügel, E. Ulmer, Stuttgart 1978

Siler, R. u.a.: Vererbungsgrundlagen, VEB Deutscher Landwirschaftsverlag, Berlin 1967

Stern, H.: Sterns Bemerkungen über Pferde, Kindler, München 1973

Wacker, H. u. Granz, E.: Tierproduktion, P. Parey, Hamburg 1978

Wassmuth, R.: Lehrbuch der Schafzucht, P. Parey, Hamburg 1979

Zeuner, F.E.: Geschichte der Haustiere, Bayerischer Landwirtschaftsverlag, München 1967

Register

Bildquellenverzeichnis

S. 15 oben und unten: Aus: Nachtsheim, H. u. Stengel, H.: Vom Wildtier zum Haustier, P. Parey, Hamburg 1977
S. 16: s. S. 15
S. 25: Aus: Gravert, H. G.: Einführung in die Züchtung, Fütterung und Haltung landwirtschaftlicher Nutztiere, P. Parey, Hamburg 1979
S. 28: Foto: Dr. Schiffer
S. 29: Foto: Verlag der Deutschen Reiterlichen Vereinigung, 4410 Warendorf
S. 34: Foto: Dr. Schiffer
S. 35: Foto: Dr. Schiffer
S. 40: Foto: Mack
S. 42: Aus: Comberg, G.: Schweinezucht, E. Ulmer, Stuttgart 1978
S. 45: Foto: Leibig
S. 50: Foto: Dr. Schiffer
S. 51: Foto: Auswertungs- u. Informationsdienst für Ernährung, Landwirtschaft und Forsten e.V. (AID), Bonn
S. 55: Foto: Wa. Werner, Anthony-Verlag, Starnberg
S. 58: s. S. 51
S. 59: s. S. 51
S. 60: Foto: Dr. Schiffer
S. 65: Foto: Leibig
S. 66: Foto: Leibig
S. 67 oben: Foto: Szablewski
S. 67 unten: Foto: Ullstein Bilderdienst, Berlin
S. 68: Foto: Fugére, Anthony-Verlag, Starnberg
S. 76: Foto: Dr. Schiffer
S. 77: Foto: Dr. Schiffer
S. 78: Foto: Leibig
S. 79: Foto: Universität Cambridge
S. 84: Foto: Leibig
S. 85: Foto: Molkerei Südwest, Karlsruhe
S. 93: Foto: R. Gogerty
S. 95: Foto: Leibig
S. 97: Foto: Ullstein Bilderdienst, Berlin
S. 100: Aus: Sambrauss, H. H., Nutztierethologie, P. Parey, Hamburg 1978
S. 103: Foto: Leibig
S. 105: Foto: Schmidt-Ankum
S. 107: Foto: Leibig
S. 110: Foto: Leibig

Studienreihe Biologie

Band 1 Genetik und Molekularbiologie
Ulrich Kull und Hans Knodel

Band 2 Sinnesorgane und Nervensystem
Ulrich Bäßler

Band 3 Evolution
Ulrich Kull

Band 4 Ökologie und Umweltschutz
Hans Knodel und Ulrich Kull

Band 5 Verhalten
Albert Danzer

Band 6 Evolution des Menschen
Ulrich Kull

Band 7 Erkenntnisgewinnung in der Biologie, dargestellt an der Entwicklung ihrer Grundprobleme
Erich Götz und Hans Knodel

In Vorbereitung sind weitere Bände zu den Themen: »Angewandte Biologie: Nutzpflanzen«, »Stoff- und Energiewechsel (Grundlagen und Anwendung)« und »Biologie und Philosophie in ihren Wechselbeziehungen«.